Renaud de Looze

URIN – Flüssiges Gold für den Garten

Düngen mit Urin und Kompost

ökobuch

Alle Angaben und Arbeitsanleitungen in diesem Buch wurden nach bestem Wissen und Gewissen zusammengestellt, eine Gewähr für die Richtigkeit wird jedoch nicht übernommen. Infolgedessen lassen sich für die praktische Umsetzung des hier Dargestellten keine Haftungsansprüche gegenüber den Autoren oder dem Verlag ableiten.

Bibliografische Information der Deutschen Nationalbibliothek

Die Deutsche Nationalbibliothek verzeichnet diese Publikation in der Deutschen Nationalbibliografie; detaillierte bibliografische Angaben sind im Internet unter http://dnb.d-nb.de abrufbar.

„Palmeraie des Alpes®" und „Humure Liquide®" sind eingetragene Markenbezeichnungen.

Die französische Originalausgabe dieses Buches erschien 2016 und 2018 (in der 2. erweiterten Auflage) unter dem Titel „L'Urine, de L'Or Liquide au Jardin" bei © Éditions de Terran, 31750 Escalquens, www.terran.fr

Übersetzung und Lektorat: Heinz Ladener
Fachlektorat: Bastian Etter

ISBN 978-3-947021-14-7

2. Auflage 2022
© der deutschen Ausgabe:
 ökobuch Verlag GmbH,
 Königstr. 43, 26180 Rastede
 E-Mail: verlag@oekobuch.de
 http://www.oekobuch.de

Alle Rechte der Verbreitung, auch durch Funk, Fernsehen, fotomechanische Wiedergabe, Einspeicherung in EDV-Anlagen, Tonträger jeder Art und auszugsweisen Nachdruck, sowie die Rechte der Übersetzung sind vorbehalten.

Druck: Grafisches Centrum Cuno, Calbe

Unsere Bücher werden nach höchsten Ansprüchen an Nachhaltigkeit und Ökologie produziert und wir optimieren ständig weiter:
- Papiere und Pappen sind FSC® oder PEFC™ zertifiziert
- Druckfarben auf Pflanzenölbasis
- Druckplattenbelichtung komplett chemiefrei
- Klebstoffe lösungsmittelfrei
- 100% Öko-Strom bei Druck und Bindung
- Müllvermeidung und Recycling bei der Produktion
- kurze Wege, gedruckt in Deutschland

FSC
www.fsc.org
MIX
Papier aus verantwortungsvollen Quellen
FSC® C043106

Inhaltsverzeichnis

Vorwort von Bastian Etter 5

0 **Ein kurzer Überblick vorweg** 7
   Häufig gestellte Fragen 8
   Schnelle Rezepte 10

1 **Urin im Garten und in der Landwirtschaft?** 11
   Experimente der letzten 20 Jahre 11
   Von der Gülle zum flüssigen Gold 15
   Prozess der Flüssighumus-Erzeugung 14

2 **Flüssiges Gold und andere Recyclingprodukte im Garten nutzen** 16
   Den Boden verbessern und die Pflanzen düngen 16
   Die jährlich anfallenden Mengen an schwarzem, blauem
   und flüssigem Gold 17
   Der agrarökonomische Wert von Urin und Kot 19
   Anmerkungen zur alten und modernen Praxis 20
   Warum schreiben nur wenige Agronomen über das Thema? 22
   Der rechtliche Status der Urin-Nutzung 23

3 **Urin und Kompost als Dünger nutzen** 26
   Urin und Kompost ergänzen sich 26
   Welche Nachteile hat Urin als Dünger? 27
   Der agrarökonomische Wert 28
   Wie kommt der Urin zu den Pflanzen? 32
   Landwirtschaftliche Effizienz ohne Umweltverschmutzung 32
   Methode 1: Bodenvorbereitung 33
   Methode 2: Unterhaltsdüngung 34
   Welche Produktion kann mit 1 l Urin erzielt werden? 36
   Urin und Laubhäckselmulch 41
   Urokultur – Hydrokultur mit Urinlösung 43
   Mineralisierung des Urins durch Aquarientechnik 43

4 **Auswirkungen von Kochsalz auf uringedüngte Pflanzen** 45
   Ist das Salz in unserem Essen für Pflanzen verträglich? 45
   Was veranlasst unseren Instinkt, unser Essen zu salzen? 46
   Untersuchungen an Topfkulturen 47
   Untersuchungsergebnisse bei Erdbeeren 48
   Untersuchungsergebnisse bei Salat 49
   Ein zweiter Salattest 50
   Untersuchungen mit Mangold 51
   Untersuchungsergebnisse für Petersilie 52
   Untersuchungsergebnisse für Sellerie 53
   Untersuchungsergebnisse für Chinakohl 53
   Untersuchungsergebnisse für Fenchel und Paprika aus Hydrokultur ... 54
   Untersuchungsergebnisse für Kartoffeln in 10 l-Töpfen 54
   Unerwartete Ergebnisse 55

5 Urinsammlung im größeren Stil – Welche Pflanzen tolerieren häufigere Uringaben? 58
Die Sammlung 58
Anwendung zur Produktion pflanzlicher Biomasse 58
Ausbringung wie tierische Gülle 58
Welche Pflanzen eignen sich am besten für die häufige Anwendung von gesammeltem Urin? 59
Meine Auswahl an urintoleranten Pflanzen 60
Schlussfolgerungen 70

6 Auf dem Weg zur Ernährungs-Autonomie 72
Flächenbedarf für die vegetarische Ernährungsautonomie 72
Autonomie ohne Umweltverschutzung 73
Gemüseproduktion für eine nicht-vegetarische Ernährung 74
Ergebnisse bei nicht-vegetarischer Ernährung, nur für den Gemüseanbau 74
Praktische Empfehlungen für weniger erfahrene Gärtner 75
Praktische Empfehlungen für erfahrene Gärtner 76
Fazit: Nährstoffrecycling und Nahrungsproduktion auf gleicher Fläche ist möglich 77

7 Tabellen 80
Durchschnittliche Zusammensetzung recycelbarer Haushaltsabfälle 80
Untersuchung zum Abbau von Arzneimittelrückständen 81
Durchschnittlicher Mineraliengehalt von Obst und Gemüse 81

8 Anhang 82
8.1 Glossar 81
8.2 Bibliographie 83
8.3 Auswahl von Adressen 84
8.4 Zu den am Prozess beteiligten Partnern 86
8.5 Nachwort von Antoine Bosse-Platière 92
Der Zeichner Avoine 92
Danksagungen 93
Bildnachweis 93

Vorwort

Heute scheint es selbstverständlich, Flaschen getrennt zu sammeln, gelesene Zeitungen beiseite zu legen und Abfälle aller Art zu sortieren, um Glas, Papier, Kunststoff oder andere gebrauchte Materialien als Rohstoffe einer Wiederverwendung zuzuführen. Während wir bei der Wiederverwertung vieler Stoffe gut vorangekommen sind, hinkt das Recycling unserer Bio-Abfälle noch weit hinterher. Dabei ist der am einfachsten wiederzuverwertende und am besten zugängliche organische Abfall noch weitgehend ungenutzt: Gemeint ist menschlicher Urin, der ein hervorragender Dünger ist, wie Renaud de Looze in diesem Buch zeigt.

Man könnte sich fragen, warum unsere Gesellschaft so viel Aufwand für synthetische Düngemittel treibt, wenn die Nährstoffquellen für Pflanzen so naheliegend und so leicht nutzbar sind. Seit 12 Jahren arbeite ich auf diesem Thema, zuerst als Forscher, heute als Geschäftsführer der innovativen Firma Vuna GmbH, die Urin-Recycling-Technologien anbietet. Klar besteht eine gewisse Abneigung gegen Urin, die wohl auf einem hygienischen und kulturellen Tabu gründet. Dies führt dazu, dass wir unseren Urin mit viel Wasser wegspülen, um das verschmutzte Wasser anschließend mit viel Energie wieder zu reinigen. Eine gewisse „Urin-Blindheit" steht aber auch im Einklang mit der Logik unserer ressourcengierigen Konsumgesellschaft und der fahrlässigen Nichtbeachtung von ökologischen Kreisläufen.

Glücklicherweise werden sich immer mehr Menschen der Notwendigkeit bewusst, wieder auf lokale Produk-

te umzusteigen, um die Umweltauswirkungen unseres Lebensstils zu minimieren. In diesem Zusammenhang zeigen die Studien an der Eawag (dem schweizerischen Wasserforschungsinstitut bei Zürich), dass es durchaus möglich ist, in lokalen Kreisläufen vielfältige Nahrungspflanzen mit den Ausscheidungsprodukten unserer Nieren zu produzieren. Im Übrigen sind wir nicht die einzigen, die an diesem Thema arbeiten, auf der ganzen Welt wird an der Forschung und Nutzung von Urin gearbeitet.

In Zürich haben wir das „Vuna"-Verfahren entwickelt, um einen zugelassenen Dünger herzustellen, „Aurin", der vollständig aus Urin gewonnen wird. Eine Anlage, die für große Mengen ausgelegt ist, kann in öffentlichen Gebäuden, Bahnhöfen, Stadien usw. installiert werden. Sie entfernt Krankheitserreger und Arzneimittelrückstände vollständig aus dem Urin. Um die Produktion und Verwendung dieses Aurin-Düngers aus Recycling zu fördern, haben wir die Firma Vuna gegründet. Dabei zielt die Produktion von Aurin auf dicht besiedelte Gebiete, in denen die Nutzer*innen keine Landwirte sind, sondern die Nährstoffe für Kulturen anderenorts liefern.

Wenn Sie jedoch Ihr eigenes Obst und Gemüse im Familien- oder Gemeinschaftsgarten produzieren, ist das Vuna-Verfahren bzw. eine entsprechende Anlage nicht notwendig, um Urin als Dünger zu nutzen. Das Rezept zum Düngen Ihrer Pflanzen halten Sie mit diesem Buch bereits in Ihren Händen.

Tatsächlich möchten wir – trotz unserer Arbeit an großtechnischen Behandlungsverfahren – nicht den Wert des „einfachen" Recyclings im Kleinen für Gemüsegärten schmälern. Beide Möglichkeiten, sowohl die „Low"- also auch die „High"-Technologie, also das individuelle Recycling ebenso wie Behandlungsverfahren für das Urinaufkommen in Gebäuden tragen dazu bei, diese bisher vernachlässigte Form von Recycling voranzubringen, eben auch, indem wir die Idee propagieren und die Methoden bekannt machen.

Renaud de Looze hat praktisch demonstriert, wie die Wiederverwendung von Urin im Garten für Gärtner*innen möglich ist, so dass sie nicht nur Wissenschaftlern oder Träumern vorbehalten bleibt. Gemeinsam werden wir die Angst vor dem Urin überwinden, für eine intelligentere und zukunftsfähige Welt. Ich wünsche Ihnen eine gute Düngung!

Bastian Etter,
Geschäftsführer der Vuna GmbH
www.vuna.ch

0 Ein kurzer Überblick vorweg

Bei meinen Untersuchungen zur Verwertung von organischen Abwässern stellte ich fest, dass es – zumindest im französischen Sprachraum – nur wenige, der breiten Öffentlichkeit zugängliche Informationen zur Verwendung von Urin im Garten und auf Grünflächen gab. So war dieses Buch, das im Juni 2016 erstmals erschien, zunächst nur für Hobby-Gärtner gedacht, die das Wachstum ihrer Pflanzen durch Recycling verbessern wollten. Natürlich ist es eine gute Praxis, Haushaltsabfälle in Form von Kompost oder Wurmkompost zu recyceln. Als organische Substrate verbessern sie die Qualität des Bodens, was aber, wie die Ernten zeigen, nicht ausreicht. Indem wir den Kompost mit einer bestimmten Menge an Urin ergänzen, fügen wir Dünger hinzu, durch den es gelingt, hochwertiges Obst und Gemüse in viel größerer Menge zu produzieren.

Durch die Kombination von organischem Material und Urin ist ein kleiner Gemüsegarten ausreichend, um den Bedarf einer Familie an frischer, gesunder und schmackhafter Nahrung mit Obst und Gemüse, stärkehaltigen Lebensmitteln und Ölsaaten zu ernten. Was für eine Familie gilt, gilt analog auch für Gemeinschaftsgärten, Restaurants, lokale Gärtner, Grünflächen, Baumpfleger, Holz- oder Brennholzproduzenten usw.

Seit der Veröffentlichung der ersten Ausgabe habe ich mit Freude gesehen, dass viele Leser*innen – unabhängig vom Alter – offen für die Idee waren, Urin im Garten zu recyceln. Nach und nach fand das Buch Beachtung in Buchhandlungen, Bibliotheken, in der Presse, in sozialen Netzwerken, Gemeinschaftsgärten und in der Permakulturausbildung. Viele zustimmende Zuschriften und Fotos haben mich erreicht, ebenso wie Fragen, auf die ich oft nicht gleich eine Antwort hatte. Tests und Forschungen mussten wiederholt werden, um so konkrete Fragen zu beantworten:

- Was können wir durch das Recycling von Urin im Garten erreichen?
- Wie kann man Topfpflanzen düngen?

Im Garten verbessern organische Substrate wie z.B. Kompost zwar die Qualität des Bodens, was aber nicht ausreicht, um den Düngemittelverzehr der Pflanzen auszugleichen.

[1] Pflanzen recyceln CO_2 aus unserem Atem. Weitere Informationen: Lance Claude: Respiration et photosynthèse. Histoire et secrets d'une équation, collection. [Atmung und Photosynthese. Geschichte und Geheimnisse der Gemeinsamkeiten.] Sammlung „Grenoble Sciences", Joseph-Fourier-Universität, EDV-Ausgaben, Les Ulis, 2013.

- Ist das Salz in unserer Ernährung ein Problem für die Urindüngung von Pflanzen? Ja oder Nein?
- Gibt es Pflanzen, die einer häufigen Urinzufuhr, z.B. aus Sammelurinalen, standhalten können?

Fazit: Produktion, Verbrauch und Recycling werden zu oft als getrennte Vorgänge betrachtet, die nichts miteinander zu tun haben. Das Schließen der Kreisläufe spart nicht nur Platz und den Einsatz von Düngemitteln, es vermeidet viele Umweltbelastungen bei der Produktion von Pflanzen. Darüber hinaus ist diese Praxis für jedermann möglich und lässt uns in einen komplexen ökologischen Kreislauf eintreten: Pflanzen ernähren Tiere und Menschen; im Gegenzug ernähren deren Ausscheidungen, die gasförmigen[1], flüssigen und festen, wiederum die Pflanzen.

Häufig gestellte Fragen

Warum ist Urin ein Dünger?
Die pflanzlichen und tierischen Proteine, die wir verzehren, sind stickstoffhaltige Substanzen. Unser Körper erneuert seine Zellen permanent und kann viele der stickstoffhaltigen Bestandteile und deren Abbauprodukte nicht speichern. Was nicht verwendet werden kann, wird als „Abfall" vom Körper ausgeschieden, hauptsächlich durch den Urin. Im frischen Urin ist der Stickstoff praktisch nur als Harnstoff vorhanden. Im Boden wird dieser Stoff dann an den Pflanzenwurzeln in assimilierbaren, d.h. verfügbaren Stickstoff umgewandelt. Urin enthält daneben auch weitere wichtige Nährstoffe wie Phosphor, Kalium, Magnesium, Calcium, Schwefel, Natrium, Chlor etc., die teilweise in unserem Körper verbleiben und teilweise über den Stoffwechsel ausgeschieden werden.

Woher kommt die gelbe Farbe?
Urin ist das Filtrationsprodukt des von den Nieren gereinigten Blutes. Hauptbestandteile sind Wasser, Salze und „Rückstände". Zu denen gehört auch der Harnstoff (das Endprodukt des Abbaus und der Erneuerung der roten Blutkörperchen), der gelb ist und dem Urin von Mensch und Tier die gelbliche Farbe gibt.

Verbrennt Urin das Gras?
Manche Stoffe im Urin können Gras und andere Pflanzen schädigen, wenn sie kontinuierlich an derselben Stelle ausgebracht werden. Dieses Problem tritt auf, wenn Katzen und Hunde ihr tägliches Geschäft immer am gleichen Ort erledigen, so dass es zu einem Überschuss an Mineralsalzen und frischen organischen Substanzen im Boden kommt. Abhilfe schafft reichliches Verdünnen mit Wasser, um die kritischen Elemente zu verdünnen. Im Sommer 2017 haben wir Tests durchgeführt, um die Auswirkungen von im Urin enthaltenem Salz aus der Nahrung auf die da-

mit gedüngten Pflanzen zu untersuchen (mehr dazu in Kap. 4, S. 45ff).

Und der Geruch?
Um das Auftreten von Gerüchen zu vermeiden, die mit dem Abbau von Urin verbunden sind, sollte er auf einen belüfteten, lebendigen, kompostreichen Boden gegeben werden. Wenn Sie Urin für einen späteren Gebrauch aufbewahren möchten, empfehle ich, einen Esslöffel Essig pro Liter frischen Urin hinzuzufügen. Durch den Zusatz dieser (schwachen) Säure kann der Urin so erhalten werden, wie er ist, d.h. ohne Geruch und Abbau, und ist danach für Pflanzen und Boden unbedenklich.

Kann man krank werden, wenn man mit Urin gedüngtes Gemüse isst?
Urin von gesunden Personen ist nicht giftig, er wird sogar von einigen Menschen zur Urin-Therapie eingesetzt. Urin ist ein organischer Dünger wie jeder andere: vor allem in tropischen Klimazonen können sich darin Krankheitserreger entwickeln. Das Problem liegt insbesondere im Kontakt mit unbehandelten Fäkalien und infizierten Personen. Deshalb muss Urin vom Kot getrennt werden. Dennoch: in Gegenwart von Ammoniak und später unter der Einwirkung der Bodenorganismen werden die ansteckenden Keime abgetötet. Darüber hinaus nehmen Pflanzen über ihre Wurzeln nur die Mineralien[2] auf, die für uns nicht toxisch sind.

Enthält Urin umweltgefährdende Arzneimittelrückstände?
Es dürfte bekannt sein, dass organische Stoffe den Abbau der meisten synthetischen Moleküle, wie Arzneimittelrückstände, fördern. Zur Weiterentwicklung des technischen Urin- und Abwasserrecyclings in der Landwirtschaft wird dies derzeit noch detaillierter erforscht. Jüngste Studien haben gezeigt, dass Arzneimittelrückstände im Urin von Menschen, die Medikamente einnehmen, im Zuge der Mineralisierung abgebaut und durch den Einsatz von Aktivkohle sogar zu mehr als 90% eliminiert werden können (siehe Tabelle 15 in Kapitel 7). Ein ähnlicher Prozess zur Abwasserbehandlung mit Wurmkompost wird in der Stadt Combaillaux (in der Nähe von Montpellier) untersucht. Im Kleinen, d.h. im Hausgarten, bringt die fachgerechte Kompostierung vergleichbare Ergebnisse.

Welchen Düngewert hat Urin und für welche Pflanzen ist er besonders geeignet?
1 Liter Urin enthält ca. 6 g Stickstoff (N), 1 g Phosphor (P_2O_5), 2 g Kalium (K_2O). Dies entspricht 100 g handelsüblichem organischem Dünger. Einmal Pinkeln entspricht einer Handvoll Düngemittel. Im Garten können übers Jahr zwischen 1 und 3 Liter Urin pro Quadratmeter Fläche ausgebracht werden, entweder auf einmal vor der Aussaat oder Pflanzung oder während der Wachstumsperiode alle 15 Tage, dann aber 20fach verdünnt. Als Frühlingsdünger ist er für die meisten Pflanzen geeignet. Wir werden später sehen, dass Urin allein aber nicht ausreicht, um den gesamten Nährstoffbedarf der Pflanzen (insbesondere an Kalium) und die Bedürfnisse der Bodenfauna zu decken. Zum Abbau von Urin ist nämlich auch die Anwesenheit bestimmter Bakterien erforderlich; daher sollte die Ausbringung von Urin durch Gaben von Kompost oder Gülle ergänzt werden.

Noch ein Hinweis: Neuere Studien haben gezeigt, dass das im Urin enthaltene Natrium für die Pflanzen auch eine positive Rolle spielen kann.

[2] Pflanzen nehmen über die Wurzeln Mineralien auf. In: Urban, Laurent u. Isabelle: Les Secrets d'un jardin écologique. [Die Geheimnisse eines ökologischen Gartens.] Kapitel 5, Editions Belin.

Schnelle Rezepte

Für erfahrene Gärtner*innen [3], die keine Zahlentabellen oder lange technische Erklärungen wünschen und direkt zur Tat schreiten wollen, bieten wir die folgende Allround-Dosierung an, die für viele Gartenkulturen [4] mit mäßig zehrenden Pflanzen (Tomaten, Paprika, Auberginen, Zucchini) passt [5]:

- Man arbeitet pro Jahr 3 l Kompost + 3 Liter Urin pro Quadratmeter für jede Kultur in den Boden ein, und zwar nach einer der beiden folgenden Methoden:

Methode 1 (Bodenvorbereitung vor dem Pflanzen)

Schon vor dem Anbau kann unverdünnter Urin ausgebracht werden. Dazu werden zur Bodenverbesserung mindestens 3 Liter Kompost/m² in die oberen 5 cm des Bodens eingearbeitet, entweder kurz vor dem Pflanzen, wenn der Kompost reif ist, oder bereits in der Vorsaison, wenn der Kompost noch jung bzw. ziemlich frisch ist:

- Dann bringen Sie 1 bis 2 Wochen vor dem Pflanzen 3 l/m² unverdünnten Urin auf dem Boden aus.
- Warten Sie, bis die meist auftretenden unangenehmen Gerüche verschwunden sind; wenn sie nicht nachlassen, gießen Sie mit Wasser nach und warten Sie noch eine Woche, bevor Sie mit dem Anbau beginnen.
- Für die **Anzucht in Töpfen** mischen Sie 1 Liter Urin mit 20 Liter Erde, setzen die Pflanzen hinein und gießen sie. Entsprechend dem Wachstum der Pflanzen topfen Sie regelmäßig in größere Töpfe um und gießen weiter mit der 1:20-Mischung (1 Teil Urin auf 20 Teile Wasser). Weitere Informationen finden Sie unter „Topfkultur" auf Seite 38.

Methode 2 (Unterhaltsdüngung in der Kulturperiode)

Bei dieser Methode wird 20fach verdünnter Urin während der Kulturperiode ausgebracht. Zur Bodenverbesserung sollten auch hier vorab mindestens 3 l Kompost/m² in die oberen 5 cm des Bodens eingearbeitet werden.

- Pflanzen Sie und düngen Sie mit verdünntem Urin (20fache Verdünnung) sofort nach dem Pflanzen.
- In der Kulturperiode gießen Sie regelmäßig mit klarem Wasser und düngen alle 2 bis 3 Wochen mit verdünntem Urin (1:20). Bei 3 Monaten Vegetationszeit bis zur Ernte ergibt das 4 bis 6 düngende Bewässerungen. Man kann auch 2 Biergläser voll Urin (à 25 cl) alle 2 bis 3 Wochen in eine 10 l-Gießkanne mit Wasser geben und diese auf 1 m² Gemüsebeet ausbringen.

[3] Weniger erfahrene Gärtner*innen, die direkt einsteigen möchten, finden Näheres in Kapitel 3, Seite 33ff. und Kapitel 6 im Abschnitt „Praktischer Rat für Gärtner*innen".

[4] Bei dieser Dosierung werden mindestens 18 g Stickstoff, 6 g Phosphor (P_2O_5), 18 g Kalium (K_2O) und 150 g Humus pro m² Anbaufläche eingebracht. Geeignet für mäßig zehrende Pflanzen wie Tomaten, Paprika, Auberginen, Zucchini. Beim Anbau stark zehrender Pflanzen wie Salat, Radieschen, Zwiebeln usw. beachten Sie die Dosierungsempfehlungen in Tabelle 7, S. 39/40.

[5] Unter einem „produktiven Gemüsegarten" wird ein Garten mit durchschnittlichen Erträgen von 3 bis 4 kg/m² verstanden, der also nicht intensiv bewirtschaftet wird. Bei Intensivbewirtschaftung liegen die Erträge etwa doppelt so hoch und noch darüber!

1 Urin im Garten und in der Landwirtschaft?

Experimente der letzten 20 Jahre
In den letzten 20 Jahren habe ich als Gärtner viele „natürliche" Recycling-Verfahren erprobt, um die Abfälle aus meinem Betrieb in den natürlichen Kreislauf zurückzuführen: Kaltkompostierung, Heißkompostierung mit thermophilen Bakterien, Wurmkompostierung, Methanisierung (Biogas), Bokashi, Gründüngung, Trocknung, Güllefermentierung (ein Verfahren zur Geruchsneutralisierung und Mineralisierung von Gülle, siehe unten) und Pflanzengülle. Zusätzlich zu den Abfällen aus der Gärtnerei habe ich lokal verfügbare Abfälle aller Art probeweise hinzugenommen: Pflanzen, tierische Exkremente, Geflügelabfälle und Federn, Inhalte aus einer Trockentoilette, Wurmkompost, organischen Haushaltsabfall, Lebensmittelabfälle, Grünkompost sowie verschiedene organische Abwässer einschließlich Urin. Als Ingenieur habe ich – wie in der Forschung üblich – viele parallel laufende Untersuchungen durchgeführt, in denen ich einen Parameter nach dem anderen variiert habe. Neben den traditionellen Laborgeräten (Reagenzgläser, Pipetten, sterile Behälter usw.) kamen dabei überwiegend einfache, aber effektive Messgeräte zum Einsatz: ein Leitfähigkeitsmessgerät zur Messung der Konzentrationen von Mineralsalzen, ein pH-Messgerät für den Säuregehalt, ein Oximeter zur Messung des Sauerstoffverbrauchs sowie Teststreifen und natürlich das unverzichtbare Sondenthermometer.

An der langjährigen Arbeit zu dem komplexen Thema „Recycling von Gartenabfällen" haben sich auch mehrere Akteure der Recyclingbranche beteiligt. Im Anhang sind alle Partner aufgeführt, die an den Studien beteiligt waren und die bei der Umsetzung der fermentierbaren Materialien mitgeholfen haben.

Mein berufliches Ziel war stets eine Antwort auf die Frage zu finden, ob es möglich ist, auf naturnahe Weise den Kreislauf „Produktion – Nutzung – Recycling" zu schließen. Um sinnvolle Bausteine dafür zu erkunden, haben meine Frau Marie-Angèle und ich unter anderem 2009 in Florida eine Fortbildung zur Düngung von Gemü-

Vergleichstests mit verschiedenen Bio-Düngemitteln an verschiedenen Gemüsesorten und insbesondere an Kartoffeln in Töpfen (2012, Palmeraie des Alpes). Die Mengen an verfügbarem Stickstoff, die einigen Töpfen zugesetzt wurden, sind mit bloßem Auge zu erkennen, einerseits an der Entwicklung der Blätter (links) und durch die Menge der produzierten Kartoffeln (rechts).

Mit einem Leitfähigkeitsmessgerät wird die Menge der verfügbaren Mineralien im Wurmkompost-Saft (links) und im Wurmkompost selbst (rechts) gemessen.

[6] Die Wurmkompostanlage in Combaillaux wurde 2004 angelegt und ist 2016 noch in Betrieb.

[7] In der Fromagerie du Val-d'Aillon wird die Molke in einer Wurmkompost-Anlage gereinigt.

[8] Proteine, DNA: Das sind Moleküle aus der Familie der Aminosäuren und Nukleinsäuren, die Stickstoff und zum Teil Phosphor und Schwefel enthalten und auch im Urin enthalten sind.

[9] Agrarwissenschaftliches Institut Auréa: ehemals Laboratoires LCA.

se mit Fischkot gemacht. Wir fuhren bis nach Neuseeland, wo es vor der Ankunft der Europäer bereits eine endemische Fauna und bestimmte Regenwürmer gab, um zu sehen, welche Arten von Regenwürmern dort heute für die Wurmkompostierung verwendet werden. In unserer näheren Umgebung besuchten wir die Wurmkompost-Anlage zur Behandlung flüssiger Abfälle in der Stadt Combaillaux (Departement Hérault)[6] und die Molkerei Bauges[7] in Savoien. Im Hinblick auf die Bewässerung haben wir in Belgien eine Regenwassernutzungsanlage gefunden und später dann bei uns in der „Palmeraie des Alpes" eine solche in ähnlicher Form gebaut, die eine sehr effiziente kapillare Bewässerungsanlage für unsere Baumschule speist.

Als Ergebnis des vielfältigen Austausches und unserer Studien haben wir festgestellt, dass „Stickstoffmangel" organische Veränderungen verursachen kann, die sich durch gelbwerdendes Laub, verkümmerndes Pflanzenwachstum, kürzeren Vegetationszyklus und geringe Erträge zeigen. Stickstoff ist ein wesentliches Element der Pflanzenentwicklung: Er versetzt die Pflanze in die Lage, Proteine und DNA[8] zu synthetisieren.

Stickstoff ist der Motor des Wachstums. Urin enthält „zufällig" 1 bis 2% Harnstoff, eine Verbindung mit 45%igem Stickstoffgehalt, die im Boden zu Nitrat abgebaut und dann von den Pflanzen aufgenommen wird.. Während meines Praktikums im agrarwissenschaftlichen Institut Auréa[9] in La Rochelle wurden die Erkenntnisse zum Stickstoffmangel durch umfangreiche Analysen bestätigt. Tatsächlich haben die Analyselabors mit organischen Dünge- und Zusatzstoffen seit mehreren Jahren Stickstoffverfügbarkeitstests an Pflanzen durchgeführt. Diese Maßnahme ist für Düngemittelhersteller per Verordnung vorgeschrieben, aber es gibt keine gesetzliche Verpflichtung, die Ergebnisse auch auf der Verpackung anzubringen. Daher kommt es bei den Anwendern oftmals zu Enttäuschungen: Pflanzen wachsen nicht trotz einer theoretisch ausreichenden Zufuhr von organischem Stickstoff, der aber im Düngemittel blockiert ist oder in die Atmosphäre entweicht. Die Ursachen dafür können vielfältig sein: Stickstoff, der biologisch abbaubar ist, Denitrifikation, Entweichen in Form von gasförmigem Ammoniak etc. Dieses Thema bleibt in der Forschung aktuell.

Vergleichstests zur Stickstoffverfügbarkeit verschiedener recycelter organischer Abfälle in der Palmeraie des Alpes 2013. Den verkümmerten Pflanzen ging der Stickstoff aus, die anderen wuchsen richtig und hatten eine bessere Geschmacksqualität.

Vergleichstests im Gewächshaus (2013). Untersucht wurden verschiedene natürliche Düngemittel und ihre Dosierung. Der Boden wurde mit Kompost aus Grünabfällen und eingesetzten Regenwürmern vorbereitet.

Auch Biobauern verfügen über effektive Maßnahmen, um die Stickstoffversorgung ihrer Böden zu gewährleisten; aber abgesehen von betrieblichen Maßnahmen wie dem Anbau von Hülsenfrüchten als Zwischenfrucht oder der zeitweisen Nutzung als Grasland ist oft eine teure Düngerzufuhr notwendig, die von außen in den Produktionskreislauf eingebracht wird. Tatsächlich steigen die Preise für stickstoffhaltige Dünger, die im ökologischen Landbau zugelassen sind. Diese Düngemittel basieren auf organischen Produkten, die reich an Proteinen und damit an Stickstoff sind. Die Inhaltsstoffe, aus denen sie bestehen, stammen hauptsächlich aus Tierkörperverwertungsrückständen (Blut, Horn, Knochen, Federn, Felle, etc.). Letztere werden

Der Kompost-Meister in Grésivaudan (August 2013) präsentiert das Ergebnis der Untersuchungen.

1 Urin im Garten und in der Landwirtschaft?

jedoch von den Futtermittelherstellern zunehmend dem Heimtierfutter zugesetzt, was zu einer steigenden Nachfrage und damit zu steigenden Preisen führt.

Angesichts des Preisanstiegs für natürlichen pflanzenverfügbaren Stickstoff ist die Urindüngung eine interessante Alternative, quasi eine wiederentdeckte Lösung, die in manchen Ländern wie in der Schweiz, in Schweden, den Vereinigten Staaten, Mexiko, China und Südafrika in Gärten, aber auch in der experimentellen Landwirtschaft Einzug gehalten hat. Diese Projekte wurden von einigen Stiftungen unterstützt, u.a. von der Bill & Melinda Gates Stiftung, dem Stockholm Environment Institut (ECOSAN-Programm) u.a.

Während meiner Forschungen und Untersuchungen habe ich das Interesse an der Verwendung von Urin als Düngemittel besser verstanden: weil es wirtschaftlich, natürlich und effektiv ist – eben, weil Urin flüssiges Gold ist!

Prozess der Flüssighumus-Erzeugung

Wie kann man einen dicken, geruchsintensiven Bio-Saft (Gülle), der aus Proteinen und anderen „lebendigen" Substanzen besteht, durch Abbauprozesse in Flüssighumus verwandeln?

Der Saft wird in einen Biofilter gegossen, bestehend aus 3 aufeinanderfolgenden Filtern, die durch Gitter getrennt sind: oben ein Behälter mit Regenwürmern und Abfall; in der Mitte ein Behälter mit reifem Kompost aus Grünabfällen; die letzte Filterstufe im unteren Behälter ist gefüllt mit Puzzolan (Lavasteinen).

Die kohlenstoffhaltigen Feststoffe verbleiben im oberen Behälter und werden von Regenwürmern und Asseln gefressen. Allmählich sickert der Saft durch die Filter und zersetzt sich dank verschiedener Bakterienkulturen: Die unten entnehmbare Flüssigkeit ist ein geruchsneutraler anorganischer Flüssigdünger. Es ist flüssiger Humus!

Filterbeet auf Puzzolan-Basis (Lavastein), das zur Mineralisierung von Urin oder anderen flüssigen Abwässern verwendet werden kann.

Von der Gülle zum flüssigen Gold

Von 2012 bis 2015 wurden wir als lokal innovatives Unternehmen (ELI) durch die Region Rhône-Alpes und die Europäische Union gefördert. Die Förderung umfasste die Projektentwicklung, die Finanzierung von 50% der Ausrüstungsinvestitionen und in unserem Fall die Auswertung der Ergebnisse der natürlichen Recyclingprozesse.

Ein Prozess, den wir unter dem Markennamen „Humure liquide®" (Flüssighumus) haben schützen lassen – benannt nach dem Ausgangsstoff Gülle und dem Produkt Humus – ermöglicht die Umwandlung von Gülle in einen natürlichen Mineraldünger. Mit dieser Behandlungstechnik stabilisieren und mineralisieren wir alle fermentierbaren Säfte einschließlich der organischen Düngemittel.

Beim Studium der Literatur über die Behandlung von organischen Abwässern bemerkte ich übrigens, dass es (im Französischen) nur wenige allgemein zugängliche Bücher über die Verwendung von Urin im Garten und auf Grünflächen gab.

2 Flüssiges Gold und andere Recyclingprodukte im Garten nutzen

Den Boden verbessern und die Pflanzen düngen

Bevor wir im Detail auf das „flüssige Gold" eingehen, sei noch kurz auf das Angebot an Naturdüngern aus dem heimischen Recycling hingewiesen. An dieser Stelle ist es wichtig, die Düngemittel in zwei Kategorien zu unterteilen, solche, die den Boden verbessern, und diejenigen, welche die Pflanzen unmittelbar nähren bzw. düngen.

1. Organische Zusätze verbessern die Bodenqualität, sie „nähren" den Boden[10]. Ein gut genährter Boden mit viel kohlenstoffhaltiger Biomasse sorgt dafür, dass die Nährstoffe den Pflanzen leicht zur Verfügung stehen.

2. Die Nährstoffe, die von den Pflanzen über die Wurzeln[11] direkt aufgenommen werden können, bestehen aus Wasser und Mineralien; deshalb sagt man, sie „ernähren" die Pflanze.

Die organischen Bestandteile pflanzlichen Ursprungs tendieren dazu, sich auf natürliche Weise zu einem dunklen Material[12], dem sogenannten Kompost, abzubauen, der für seine Dünger-Eigenschaften bekannt ist, weil er die allgemeine Vitalität des Bodens verbessert. Wegen seiner Farbe nennen wir den Kompost auch „schwarzes Gold". Kompost liefert auch lebenswichtige Mineralien für Pflanzen, insbesondere Kalium und Kalzium.

2 Bilder unten:
Hier entsteht „schwarzes" Gold. Der zerkleinerte Grünabfall in dem Behälter wird durch die Einwirkung von Wärme und thermophilen Bakterien, die sich von den Abfällen ernähren, atmen und vermehren, abgebaut und zu einem dunklen Brei „vergoren".

Nach 2 Monaten ist der Grünabfall in Kompost umgewandelt (links unten im Bild). Um eine gute Umwandlungseffizienz zu erreichen, wird die Mischung luftig und feucht gehalten und abgedeckt, um flüssige und gasförmige Verluste zu vermeiden.

Wasser und Mineralien sind für Pflanzen direkt verfügbar. Wasser ist also nicht nur ein Grundnahrungsmittel, darüber hinaus wirkt es aber auch als Temperaturregler und übernimmt noch andere Funktionen, die hier nicht beschrieben werden. Wir werden das Wasser auch „blaues Gold" nennen. Die Mineralien, die ja von den Pflanzen schnell aufgenommen werden, stammen hauptsächlich aus dem Urin, wie wir später sehen werden. Aus diesem Grund bezeichnen wir Urin auch als „flüssiges Gold".

Die jährlich anfallenden Mengen an schwarzem, blauem und flüssigem Gold

Jedes Jahr kann eine Person im Garten durch schadstoffarme Behandlung beträchtliche Stoffmengen gewinnen, umwandeln und aufwerten – schwarzes Gold, flüssiges Gold und blaues Gold – und damit auch ökonomische Einsparungen erzielen:

Schwarzes Gold (nach der Farbe des Kompostes oder Wurmkompostes benannt):
- 150 kg Grünabfall aus dem eigenen Garten, ggf. ergänzt durch mehrere Kubikmeter aus der Gemeinde (kompostiert in Behältern, die in der Nachbarschaft oder auf einem örtlichen Recyclinghof aufgestellt sind);
- 75 kg Küchenabfälle und 150 kg Pflanzenreste (sortiert): kompostiert oder wurmkompostiert, ggf. auch durch direktes Einbringen in die Erde (letzteres Verfahren ist wegen der Einbringungstechnik erfahrenen Gärtnern vorbehalten);
- 70 kg kompostierter oder wurmkompostierter Kot, sofern eine Trockentoilette genutzt wird. Die Mineralisierung des Kotes wird im folgenden Absatz beschrieben.

Blaues Gold: Wasser ist ein wichtiges Transportmedium für Pflanzen und Tiere im Boden; in einem Haushalt fallen an:
- 30 m^3 (Minimum) gehaltvolles Abwasser, nutzbar für Bodenfauna und für die Pflanzen;
- 1 m^3 Regenwasser pro Quadratmeter Dachfläche (d.h. 30 m^3 pro Person bei einem durchschnittlich großen Dach) in unseren gemäßigten Breiten zur Bewässerung.

Flüssiges Gold: 500 Liter Urin, reich an essentiellen Mineralien für Pflanzen, wobei die Stickstoffaufnahme im Frühjahr innerhalb von 15 Tagen und im Sommer in einer Woche erfolgt. Es ist ein Düngemittel, dessen Wert noch detaillierter beschrieben wird.

[10] Das Düngen des Bodens ist tatsächlich ein Nähren der Bodenfauna! Diese Fauna besteht sowohl aus Tieren (Würmern, Nematoden etc.), als auch aus mikroskopisch kleinen Organismen (Bakterien, Pilzen, etc.). Ein lebendiger Boden ist reich an artenreicher Fauna, aber auch an bereits abgebauter Biomasse, alles zusammen dient als Nahrungsvorrat sowie als Nahrungsgrundlage für die Pflanzen.

[11] Hinweis: Die meisten Pflanzen ernähren sich zu einem guten Teil auch über die Blätter: Sie absorbieren CO_2, ein gasförmiges Abfallprodukt, das bei der Atmung von Lebewesen entsteht, und geben Sauerstoff ab. Sie recyclen quasi unsere Luft und reichern sie mit Sauerstoff an!

[12] Manche Forscher nennen dies die „Reaktion von Maillard" (nach einem Chemiker aus Nancy) zwischen kohlenstoffhaltigen und stickstoffhaltigen Stoffen; sie ist uns auch vom Kochen bekannt, z.B. beim Bräunen von Fleisch, bei Gratins usw.

Grünabfälle zum Kompostieren (links) sollten vor dem Fermentieren zuerst zerkleinert werden (rechts).

[13] Organische häusliche Abfälle (Küchenabfälle, Grünabfälle, Abfälle aus Trockentoiletten usw.) enthalten verschiedene Bestandteile (Lignin, Poly- und Monosaccharide, Proteine usw.), die durch Kompostierung, Wurmkompostierung, Milchsäuregärung und anaerobe Vergärung in schwarzes Gold umgewandelt werden können. Oder sie werden gehäckselt oberflächlich in die Erde eingearbeitet, bauen sich im Gemüsebeet ab und verwandeln sich dort in Humus.

Drei schwarze Goldhaufen mit verschiedenen Reifegraden: von sehr reif (links) bis zur gerade erst begonnenen Rotte (rechts).

Das schwarze Gold: Der meiste häusliche organische Abfall kann leicht im Garten recycelt werden[13]. Die Abbauprodukte dienen als organische Ergänzung (siehe unten für die Dosierung). Die Wirkung als Düngebeitrag besteht hauptsächlich in der Strukturbildung des Bodens; sie erhalten und verbessern die physikalischen, biologischen und chemischen Eigenschaften des Bodens. Die Mengen an lokal anfallendem Kompost reichen aus, um einen Hausgarten mit genügend bodenverbesserndem Material zu versorgen, aber auch, um in einer Gemeinde die Grünflächen zu düngen, ebenso in Gemeinschaftsgärten oder in Gärten für ein Restaurant oder für eine Kantine!

Blaues Gold: Grundsätzlich erscheint es einfach, Regenwasser oder Abwasser aus der Dusche usw. zu sammeln und zu nutzen, aber es gilt dabei etliche technische Probleme zu lösen: die Lagerung, die Abwehr von Mücken, das Fernhalten von Verschmutzungen, die Regeln und Gesetze zum Umgang mit Wasser usw. Sicher ist, dass unsere Abfälle das Trinkwasser verunreinigen; und Regenwasser steht nicht immer gerade dann in unseren Gärten zur Verfügung, wenn die Pflanzen es brauchen. Es ist aber möglich, Ihr Haus mit einer Pflanzenkläranlage auszustatten (s. Kapitel 5, S. 62) und gefiltertes Abwasser im Garten zu nutzen.

Flüssiges Gold ist ein natürlicher Dünger, effektiv und frei verfügbar (siehe unten). Antoine de Lavoisier schrieb in einem berühmten Satz: „Nichts geht verloren, nichts wird geschaffen, alles verwandelt sich." Für eine Person mit konstantem Gewicht sollte in der Tat die Menge der abgegebenen Mineralien gleich der Menge der aufgenommenen Mineralien sein. Aber:

1. Nichts geht verloren: stimmt heute leider nicht! Heutzutage werden unsere Ausscheidungen in Abwasserkanäle geleitet, obwohl sie vor Ort als Dünger genutzt werden könnten und sich dabei sogar Energie einsparen oder zurückgewinnen ließe.
2. Es entsteht und verschwindet nichts: Einige Mineralien, die in unseren „verdauten" Rückständen enthalten sind, wie z.B. Phosphor, gehen verloren; andere, wie z.B. Stickstoff, müssen zugeführt werden und werden immer teurer!
3. Alles verwandelt sich: Denken Sie daran, dass der Boden organische Stoffe braucht, um die Tierwelt zu ernähren und bei der Umwandlung Humus zu erzeugen. Pflanzen hingegen mögen Mineralien, die bei der Umwandlung und beim Abbau einiger unserer Abfälle entstehen (siehe unten).

Der agrarökonomische Wert von Urin und Kot

Lassen Sie uns die Zusammensetzung unserer Ernährung genauer betrachten. Was wir konsumiert haben, wird am Ende in flüssiges Gold und schwarzes Gold umgewandelt[14), 15)]. Innerhalb eines Jahres nehmen wir 6 bis 7 kg „wiedergewinnbare" Mineralien[16)] auf, verdauen sie und scheiden sie aus.

Bei diesen Mineralien handelt es sich um 4 kg Stickstoff (hauptsächlich in Form von Proteinen), 0,3 kg Phosphor, 1,4 kg Kalium, 0,4 kg Kalzium, 0,15 kg Magnesium, 3,5 g Eisen (bei Frauen etwas mehr durch die Menstruation) und weitere Spurenelemente. Diese 6 - 7 kg Mineralien, die unseren Körper jährlich durchlaufen, entsprechen bezogen auf die Inhaltsstoffe 30 kg eines guten organischen Volldüngers. Diese Menge an Mineralien kann verdoppelt werden, wenn wir die durch Lebensmittelabfälle, Speisereste, Ernteverluste, Lagerung, Transport und bei der Verteilung verlorengegangenen Mineralien hinzuzählen.

Anmerkung zu zwei Mineralien in unserem Abfall und unseren Exkrementen: das im Kochsalz enthaltene Natrium und das Chlor. In einer nicht zu hohen Dosis ist dieses Salz durchaus nützlich für Pflanzen: Natrium kann teilweise die Rolle von Kalium übernehmen, und Chlor ist ein wesentliches Spurenelement (siehe Kapitel 4, S. 45ff.).

Urin hat einen höheren Mineralienwert als Fäkalien

Die jährlichen Mengen an „flüssigem Gold" (Urin) und „schwarzem Gold" (Kot ist ein Teil davon), die von einem erwachsenen Menschen ausgeschieden werden, sind in der Tabelle 1 auf der folgenden Seite aufgeführt.

Diese zeigt deutlich, dass der Urin den überwiegenden Teil an Mineralien liefert und Kot aus dieser Sicht weniger interessant ist. Die dunkel hinterlegten Zeilen enthalten die eigentlich wichtige Information: Flüssige Ausscheidungen, die leicht wiederverwendbar sind, weil sie schnell mineralisiert werden können, müssen von Fäkalien getrennt werden, die aufgrund ihres Kohlenstoff- und Proteingehalts eher kompostierbar, wurmkompostierbar oder in Biogas umsetzbar sind. Darüber hinaus erfordern Fäkalien noch eine spezifische Behandlung zu ihrer Hygienisierung.

Urin ist ein ganz besonderes Produkt

- Urin ist ein Düngemittel, das von Pflanzen schnell aufgenommen werden kann, da sein Stickstoff- und Mineraliengehalt im Vergleich zum Kohlenstoffgehalt hoch ist[17)]. Es ist die einfachste und am schnellsten zu erschließende Ressource, um wichtige landwirtschaftliche Nährstoffe zu beschaffen, die Pflanzen brauchen. Urin enthält 80% der gesamten recycelbaren Mineralien, während Kot nur 20% enthält.
- 1 m² Pflanzenkultur verträgt – ohne schädliche Umweltauswirkungen – das Ausbringen von 1 bis 2 Liter Urin (unsere tägliche Produktion) pro Jahr. Entsprechend können pro Jahr 500 l Urin (unsere jährliche Produktion) auf 365 m² Gartenfläche verteilt werden!

Wir werden später sehen, dass diese zum Ausbringen des anfallenden Urins notwendige Fläche gerade der Fläche entspricht, die zum Anbau von Pflanzen gebraucht wird, um die autonome Versorgung

[14)] Ein kleiner Teil entweicht in Form von Wasserdampf und Gas.

[15)] Erinnerung: Organische Substanzen und Energie aus unseren festen Ausscheidungen werden mehr für die Entwicklung der Bodenfauna als für die direkte Ernährung von Pflanzen gebraucht.

[16)] Unter der Annahme einer abwechslungsreichen Ernährung mit 2000 kcal/Tag für einen 70 kg schweren Erwachsenen mit einem ausgewogenen Gehalt an essentiellen Nährstoffen, der etwas unter dem Durchschnitt der westlichen Realität liegt. Quelle: Frénot Marlène und Vierling Élisabeth: *Biochimie des aliments. Diététique du sujet bien portant* [Biochemie der Nahrungsmittel – Diätetik gesunder Probanden.] CRDP Aquitaine, Editions Doin, Velizy, 2002.

[17)] Das Verhältnis von Kohlenstoff zu Stickstoff (C/N): Je niedriger der Kohlenstoffgehalt von organischem Material ist, desto schneller ist das Material biologisch abbaubar und kann den Pflanzen Mineralien liefern. Bei Urin beträgt das C/N-Verhältnis etwa 1, so dass die Mineralien sehr schnell verfügbar sind. Umgekehrt ist das Holz langsam biologisch abbaubar, da es einen C/N-Wert von 200 aufweist. Organische häusliche Abfälle haben einen C/N-Wert von etwa 20. Sie sind kompostierbar, der Stickstoff bleibt jedoch bei der Kompostierung ein Jahr lang weitgehend gebunden und ist erst nach ein paar Jahren vollständig verfügbar. Aus praktischer Sicht zu beachten: Ein herkömmlicher organischer Dünger (der die Pflanze nährt) hat ein C/N-Verhältnis von unter 4, ein organisches Bodenverbesserungsmittel hat ein C/N von mehr als 8 und ist mindestens zu 50% pflanzlichen Ursprungs.

[18] Der zusätzliche Bedarf für „tierische" Produkte kann ggf. auf Wildflächen gewonnen oder durch großflächigen Anbau produziert werden.

mit einzelnen vegetarischen Lebensmitteln zu gewährleisten[18].
- Die Verwendung von Urin im Garten ist eine gute Idee: Die Pflanzen werden mit mehreren wichtigen Nährstoffen versorgt und gleichzeitig muss weniger Abwasser behandelt werden: Eine Toilettenspülung verschmutzt 5 bis 10 Liter Trinkwasser. Dass Urin zu den Pflanzen gebracht wird, ist in manchen Teilen der Welt eine selbstverständliche, alte und aktuelle Praxis.

Mineralienumsatz bei durchschnittlicher westlicher Ernährung						
	N (kg)	P (kg)	K (kg)	Ca (kg)	Mg (kg)	Fe (g)
Gesamtmenge	4	0,3	1,4	0,4	0,15	3,6
Anteil Urin	3,4	0,2	1,2	0,1	0,05	0,4
Anteil Fäkalien	0,6	0,1	0,2	0,3	0,1	3,2
% Urin/Gesamt	85%	66%	85%	25%	35%	11%

Tabelle 1: Die Mengen an wichtigen Mineralien in kg/Person, die jährlich in die Kanalisation abgeleitet und entsorgt werden. Quelle: Frénot Marlène u. Vierling Élisabeth: Biochimie des aliments. [Biochemie der Nahrungsmittel], a.a.O.

Anmerkungen zur alten und modernen Praxis

Zum Thema „alte" Praxis schrieb Diderot bereits in der zwischen den Jahren 1751 und 1772 veröffentlichten Enzyklopädie:
„Urin (in der Landwirtschaft) eignet sich hervorragend zum Mästen der Erde. Diejenigen, die mit Landwirtschaft und Gartenarbeit vertraut sind, bevorzugen Urin gegenüber Gülle für Boden, Bäume etc., zumal er besser von den Wurzeln aufgenommen wird und verschiedene Pflanzenkrankheiten verhindert.
In Holland und an vielen anderen Orten wird der Urin von Nutztieren mit der gleichen Sorgfalt wie Gülle gelagert. Herr Hartlib, Kanzler Plot, Herr Mortimer u.a. beklagen gemeinsam, dass eine so ausgezeichnete Art und Weise das Land zu verbessern und zu düngen in der englischen Bevölkerung so sehr vernachlässigt wird."

Zur „modernen" Praxis
Heute vermarktet ein kanadisches Unternehmen einen „Crystal Green Dünger" aus recyceltem Urin. Die Städte Amsterdam und Durban haben kürzlich experimentelle öffentliche Urinale aufgestellt, um Urin zur Herstellung von Düngemitteln zu gewinnen. Es ist eigentlich überraschend, dass es noch keine Gebrauchsanweisung für ein natürliches Produkt gibt, das so wirksam ist. Menschlicher Urin wird von den Pflanzen schnell aufgenommen. In den Sommermonaten verändert sich der Harnstoff im Urin durch steigende Temperaturen, das Vorhandensein

von Enzymen, Mikroorganismen und Wasser. Innerhalb weniger Stunden bis zu wenigen Tagen wird es in wässriger Umgebung in Ammoniak zerlegt, das dann durch die Wirkung von Mikroorganismen oxidiert wird, die sich von der freiwerdenden Energie ernähren. Bei 20°C verwandelte sich der Urin im Boden innerhalb von 2 Wochen auf natürliche Weise in einen Mineraldünger, der von den Pflanzen direkt aufgenommen werden kann. Bei der Anwendung auf verschiedene Pflanzen haben wir festgestellt, dass seine Wirksamkeit mit der von bekannten „organischen Stickstoffdüngern" (getrocknetes Blut, Federmehl, gemahlenes Horn) vergleichbar ist, aber auch mit der Wirkung von synthetischem Harnstoff, dem weltweit meistverkauften festen Stickstoffdünger.

Darüber hinaus enthält Urin assimilierbaren Phosphor, dessen Rohstoffvorkommen weltweit mengenmäßig sehr begrenzt ist. Tatsächlich wird es im Jahr 2100 voraussichtlich keine leicht nutzbaren Phosphatvorkommen mehr geben. Auch Schwefel kommt im Urin in ausreichender Menge vor, um den Bedarf der Pflanzen zu decken. Mit seinem dreifachen Beitrag an Stickstoff, Phosphor und Schwefel gehört Urin damit zur Spitzenklasse der organischen Düngemittel, vergleichbar mit Guano, Geflügelkot und Fischmehl. Der Urin enthält außerdem Kalium und Magnesium, aber letztere nicht in ausreichender Menge, um als Universaldünger bezeichnet zu werden.

Allerdings hat Urin auch einige Nachteile: dazu zählt ein relativ hoher Salzgehalt, der – bei übermäßiger

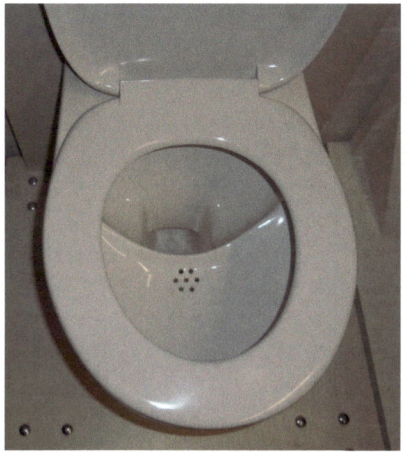

Toilette mit Urintrennung, installiert an der Eawag (dem schweizerischen Wasserforschungsinstitut bei Zürich). Der vordere Teil der Schüssel leitet den Urin ab, der hintere Teil den Kot. Die verschiedenen Ausscheidungen werden in unterschiedlichen Leitungen geführt, so dass eine Rückgewinnung und differenzierte Verwertung ohne Vermischung der flüssigen und festen Stoffe möglich ist.

Aurin ist der erste offiziell bewilligte Dünger, der aus menschlichem Urin recycelt wird. Die Firma Vuna (www.vuna.ch) baut Anlagen zur Produktion von Aurin und verkauft den Dünger. Bastian Etter (s. Vorwort und Kap. 8.4 im Anhang) ist Geschäftsführer von Vuna und einer unserer Projektpartner.

2 Flüssiges Gold und andere Recyclingprodukte im Garten nutzen

[19] Siehe Informations-Label zum Aurin-Dünger auf Seite 21.
[20] Quellen: Rich Earth Institute und University of Michigan.

Anwendung – für Pflanzen schädlich sein kann. Wird der Urin zur Senkung der Salzkonzentration verdünnt, entwickelt sich durch den biologischen Abbau der Stickstoffverbindungen ein äußerst unangenehmer Geruch. Dieser Geruch verschwindet schnell in einem gut belüfteten Milieu (in lebender Erde, Kompost oder Wurmkompost, in Puzzolan etc.).

Es gibt aber auch kulturelle Hemmnisse für die Verwendung dieses Produkts, Sicherheitsbedenken, fehlende Sammel- und Lagereinrichtungen und gesetzliche Auflagen. So wird die landwirtschaftliche Nutzung von Gülle aus Nutztieren zwar fast überall seit jeher praktiziert, die Nutzung menschlichen Urins dagegen hat erst begonnen, in der Schweiz[19], in Schweden, den Vereinigten Staaten, in China, Mexiko und Südafrika usw., unterstützt von internationalen Stiftungen.

Sicherlich hat die Rückführung von Urin in den Boden einige praktische Nachteile in Bezug auf Handhabung, Salzgehalt und Geruch beim biologischen Abbau. Aber seine agronomische Effizienz ist unbestritten, und die potenziellen Einsparungen beim Recycling können von den Forschern bewertet und quantifiziert werden. Die Verwendung im Garten, in der Landwirtschaft und auf Grünflächen würde die kostspielige Behandlung von Abwasser in Kläranlagen reduzieren: 1 kg Stickstoff, der in den Abwasseranlagen behandelt und ohne landwirtschaftliches Recycling entsorgt wird, kostet den Steuerzahler rund 200 €[20]!

Warum schreiben nur wenige Agronomen über das Thema?

Unten: „Pinkeln im Stehen" für Frauen ermöglicht dieses einfache Accessoire.

Unten rechts: Adapter mit Geruchsverschluss für wasserlose Urinale.

Würden Urin und Fäkalien an der Quelle gesammelt, würde dies die Kosten für die Wasseraufbereitung und die Einsparung von Düngemitteln für Hobbygärtner, aber auch für lokal wirtschaftende Landwirte und kommunale Grünflächen erheblich senken. Im Jahr 2014 startete die École des Ponts ParisTech ein Forschungsprogramm namens OCAPI (Optimization of carbon, nitrogen and phosphorus cycles in cities), um die Möglichkeiten einer Trennung von Urin und Fäkalien an der Quelle für Gebiete wie den Großraum Paris zu untersuchen. Viele Verbände, sowohl lokale als auch internationale, bieten autonome ökologische Sanitärlösungen an, sowohl individuelle als auch kollektive. Etliche Hersteller haben Trockentoiletten mit Urin- und Fäkalienabscheidung auf den Markt ge-

bracht. Es gibt auch konventionelle Toiletten, die mit Urintrennung getestet wurden, aber diese Produkte sind derzeit nicht überall erhältlich, da dies die Installation eines Doppelrohrsystems am WC und einer aeroben Urinbehandlungszelle erfordert. Für die kommunale Nutzung von Urin müssen noch viele technische, regulatorische und kulturelle Hindernisse überwunden werden.

Für den Familiengebrauch reichen dagegen wenige Erklärungen und ein paar Behälter!

Hinweis: Für Frauen gibt es sehr praktische „Stehpinkel-Produkte", aber auch Gießkannen für Frauen, wie zum Beispiel die Guldkannan® TOWA (Adressen im Anhang 8.3, S. 84).

Wasser- und geruchlose Urinale: In wasserlosen Urinalen verhindert ein Geruchverschluss mit einer Membran, dass Gerüche aus der Kanalisation aufsteigen. Diese Systeme können zu Hause, in Schulen usw. installiert und der Urinalabfluss an einen Tank angeschlossen werden, um reinen Urin ohne Fäkalien zu sammeln (siehe Adressen in Anhang 8.3, S. 84).

Der rechtliche Status der Urin-Nutzung

Die Frage nach dem rechtlichen Status des Urins wurde im Rahmen des OCAPI-Programms untersucht, wofür Fabien Esculier, Forscher an der École des Ponts ParisTech, verantwortlich zeichnet. Für Deutschland gelten ähnliche Regelungen aufgrund des nationalen Kreislaufwirtschaftsgesetzes und des Abfallgesetzes. Hier einige Auszüge aus der Analyse (Crolais et al., 2016) [21]:

„Rechtlich muss Urin heutzutage als Abfall betrachtet werden. Gemäß Umweltgesetzbuch zählen zum Abfall alle Stoffe oder Gegenstände oder ganz allgemein jedes bewegliche Gut, worüber der Inhaber verfügt, verfügen will oder verfügen muss. Dieses Konzept und alle damit verbundenen Konsequenzen wurden rechtlich mit dem Ziel begründet, Schäden für die öffentliche Gesundheit und die Umwelt zu vermeiden. Der Rechtsstatus der Abfälle gemäß Umweltgesetzbuch ermöglicht es, folgende damit verbundene Prinzipien anzuwenden: das Verursacherprinzip, das Vermeidungsprinzip, das Prinzip der erweiterten Produzentenverantwortung, das Prinzip der Nähe und Rückverfolgbarkeit. Dabei kann der Status als Abfall ein insbesondere wirtschaftliches und rechtliches Hindernis für die Rückgewinnung von Stoffen wie Urin darstellen, obwohl sie letztlich als Ressourcen anzusehen sind.
[....] Die Produktklassifizierung erscheint interessant. Der Begriff des Produkts wird in der Verbrauchergesetzgebung beschrieben. Ein Produkt kann im Gegensatz zu Abfall ohne Genehmigungsantrag frei vermarktet und verwendet werden. Im Falle von Urin würde der Produktstatus den Verkauf in gleicher Weise wie bei allen industriellen Düngemitteln ermöglichen und die Erfordernis eines Plans für die Ausbringung durch den Lieferanten und unter seiner Verantwortung vermeiden.
Die Abfallrahmenrichtlinie 2008/08/EG vom 19. November 2008 ermöglicht es, die Entfernung eines Stoffes aus dem Abfallstatus unter bestimmten Bedingungen zu prüfen. Im nationalen Recht wurde diese Möglichkeit in das Umweltgesetzbuch aufgenommen, insbesondere durch

[21] Quelle: Crolais Arnaud, Lebihain Mathias, Antoine Gal und Maysonnave Émilie: L'or liquide, l'innovation sociotechnique en assainissement par la mise en synergie d'acteurs locaux : le cas de la collecte sélective des urines sur le plateau de Saclay. [Flüssiges Gold, soziotechnische Innovation bei der Hygiene durch Synergieeffekte lokaler Akteure: der Fall der selektiven Urinsammlung auf dem Saclay-Plateau.] Untersuchungsbericht der Gruppe zur Analyse des öffentlichen Handelns. Masterstudium in Politik und öffentlichem Handeln für nachhaltige Entwicklung. Nationale Hochschule für Bauwesen, 2016.

Häusliche Abfälle	Im Garten nutzbar als
Stickstoffhaltige Substanzen	
Urin	
Haare	
Blut	**Natürliche Düngemittel**
Horn	Durch Zersetzung liefern sie
Federn	Mineralien, die von den Pflanzen
Wolle	anschließend wieder aufgenommen
Fischabfälle	werden können.
Geflügelkotablagerungen	
Kalziumhaltige Substanzen	
Zerkleinerte Eierschalen	
Holzaschen	
Zerquetschte Austernschalen	
Stickstoff- und Kohlenstoffträger	
Tee- und Kaffeemehl	
Frischer Mist, Kot, Fäkalien	
Rasenschnitt	
Nichtholzige Gartenabfälle	**Komposte**
Kohlenstoffträger	bieten Nahrung für die
Küchenabfälle	Bodentierwelt, bereichern den
Ernterückstände	Boden mit organischer Substanz
Strohhaltiger Mist	und bilden Humus.
Holziger Grünschnitt	
Stroh	
Sägemehl, Kakaoschalen etc.	

Tabelle 2: Im Garten recycelbare Hausabfälle. Nach: „Kompost im Garten" und „The Rodale Book of Composting", siehe Bibliographie.

Artikel L. 541-4-3, welcher die Kriterien festlegt, die erfüllt sein müssen, damit ein Stoff nicht mehr als Abfall gilt. Die Verordnung Nr. 2012-602 vom 30. April 2012 über das Verfahren zum Verlassen des Abfall-Status hat die konkreten Modalitäten ihrer Anwendung geklärt, die später durch die Verordnungen vom 19. Juni 2015 über die Grundsätze des Qualitätsmanagementsystems und vom 3. Oktober 2012 über den Inhalt der Antragsunterlagen zum Verlassen des Status von Abfällen ergänzt wurde.

Damit ein Abfall diese Qualifikation verliert und zu einem Produkt wird, muss er in der Praxis einer Rückgewinnung unterzogen worden sein, die ihn für die menschliche Gesundheit und die Umwelt sicher macht. Jeder Fall muss Gegenstand einer Stellungnahme der Beratenden Kommission zum Stand der Abfälle sein.

Rein technisch gesehen scheint Urin tauglich zu sein, die Anforderungen an die Produktqualifizierung zu erfüllen, insbesondere im Hinblick auf die Elemente, die im Bericht der Weltgesundheitsorganisation (WHO) über die sichere Verwendung von Exkrementen vorgestellt werden, der derzeit der einzige internationale Rah-

Gemeinschaftsgartenanlage in Seyssins. Im Vordergrund die Parzelle von Jean-Paul Lang, wo er 2017 verschiedene Untersuchungen mit Urin und kompostiertem Laubholz-Häcksel (BRF) durchgeführt hat.

men für die Wiederverwendung von Urin ist. Dieser Bericht zeigt, dass die Urinlagerung ein ausreichender Behandlungsvorgang ist, um den Urin ohne Gefahr für die menschliche Gesundheit nutzbar zu machen (mit Lagerzeitbedingungen bei entsprechender Temperatur und mehrstufigen Sicherheitsmaßnahmen). Die Lagerung könnte daher eine Wiederherstellungsmaßnahme sein, die es ermöglicht, dass Urin einen Produktstatus erlangt.
[...] Es können also Schritte unternommen werden, um den Status des Urins zu ändern, um die Substanz vom Abfall zum Produkt zu transformieren und so ihre Verwertung zu erleichtern.

Sonderfall der Kompostierung

[...] Wenn die Verwendung von Urin in Kompostierungsanlagen in Betracht gezogen werden sollte, wäre es notwendig, den Urin in die Abfallliste in Anhang II von Artikel R. 541-8 des französischen Umweltgesetzbuches aufzunehmen (für das deutsche Umwelt- und Düngerecht gilt Ähnliches). Dieser Ansatz wird derzeit von einer Arbeitsgruppe untersucht, die sich aus der Vereinigung „Toilettes du monde", dem „Réseau d'assainissement écologique" und „ADEME" zusammensetzt. Ziel ist es, mikrobiologische, physikalisch-chemische und agronomische Analysen durchzuführen, um die potenziellen Gesundheits- und Umweltauswirkungen abzuschätzen und die Einstufung von Urin in die Liste zu ermöglichen, so dass beispielsweise die Verwendung von Urin in Kompostierungsanlagen möglich ist."

3 Urin und Kompost als Dünger nutzen

Urin und Kompost ergänzen sich
1 l Urin liefert annähernd genug Stickstoff, Schwefel, Phosphor und einen Teil des Kaliums, um 1 kg nützliche essbare Pflanzen zu produzieren (insgesamt 2 - 3 kg, wenn man Ernterückstände und Küchenabfälle mitrechnet). Die darüber hinaus fehlenden Elemente müssen die Pflanzen aus dem Boden aufnehmen: also zusätzlich Kalium, Magnesium, Kalzium, Eisen und Spurenelemente. Im Allgemeinen sind diese Elemente bereits als „Reserve" im Gartenboden vorhanden. Diese Reserve muss regelmäßig auf ein optimales Niveau gebracht werden, und jede neue Kultur erfordert eine sogenannte biologische Ergänzung, also Düngung.

Hinweis: Bei der „organischen" Stoffumwandlung entstehen aus der Zersetzung von abgestorbenen Lebewesen neue organische Stoffe. Die Moleküle enthalten Kohlenstoff und andere Substanzen, die von der Bodenfauna geschätzt werden, sowie etliche für Pflanzen essentielle Mineralien. Die bekanntesten Umwandlungsprodukte sind Kompost, Wurmkompost und Gülle. Die meisten Stoffe liefern zwischen 0,5 und 1,5% Kalium[22] bzw. 5 bis 15 g K_2O pro Kilo[23] und 10 bis 30% Humus. Die Umwandlungsprodukte werden idealerweise in die oberen 5 cm des Bodens eingebracht. Reifer Kompost und Wurmkompost können kurz vor der Pflanzung in den Boden eingebracht werden. Die Ausbringung von nicht kompostiertem Mist ist komplizierter, da er instabil ist[24]. Er kann frisch im Herbst oder Spätwinter ausgebracht werden, wenn sichergestellt ist, dass genügend Zeit für den Abbau bleibt. Alternativ kann er vorher kompostiert oder wurmkompostiert werden.

Ein weiterer wichtiger Hinweis: Der in kompostierten Materialien enthaltene Stickstoff[25] kann von den Pflanzen kurzfristig nur zu einem geringen Teil genutzt werden. Denn ähnlich wie eine Flüssigkeit aus einer schlecht verschlossenen Flasche nur langsam entweicht, wird der Stickstoff nur langsam im Verlauf mehrerer Jahre für die Pflanzen verfügbar.

Ein guter reifer Kompost enthält etwa 1% Stickstoff (bezogen auf das Bruttogewicht), wovon höchstens 10% im ersten Jahr verfügbar sein wird, was im Vergleich zu anderen Elementen im Kompost wie Kalium oder Kalzium völlig unausgewogen ist. Dieses Ungleichgewicht führt zu einem schlech-

[22] Kalium wird fälschlicherweise oft auch als Kali bezeichnet. Kali ist aber Kaliumcarbonat, eine stabile Verbindung des reaktionsfreudigen Kaliums.

[23] 1 Liter Kompost (brutto) wiegt ca. 500 g (siehe Foto Seite 30), d.h. 1 kg Rohkompost nimmt ein Volumen von ca. 2 l ein.

[24] Instabile organische Substanz: Damit sind fermentierbare Substrate gemeint, die während des Abbaus einen vorübergehenden Hunger nach Stickstoff entwickeln und phytotoxische Verbindungen erzeugen. Ein Erkennungsmerkmal für die Instabilität ist der Geruch!

[25] Nur bei der Kompostierung von Geflügelkot wird ein erheblicher Teil des vorhandenen Stickstoffs freigesetzt.

Beispiel einer Stoffumwandlung: Dieser Wurmkompost ist das Zersetzungsprodukt einer Mischung aus zerkleinerten Ästen, abgestorbenen Blättern sowie Mäh- und Küchenabfällen. Auf dem Bild sehen wir Springschwänze, kleine weiße Krustentiere, die meist mit Regenwürmern koexistieren (hier *Eusenia foetida*).

ten Pflanzenwachstum, außer bei den Leguminosen, die in der Lage sind, unter guten Bedingungen Stickstoff aus der Luft zu assimilieren. Deshalb ist die kombinierte Gabe von Kompost und Urin unerlässlich, um einen natürlichen fruchtbaren Gemüsegarten zu erhalten!

Wie wir später noch im Detail sehen werden, kann man zusammenfassend sagen: für 1 kg Nettoernte sind 1 l Urin und 1 l Kompost (500 g) und 50 - 100 l Wasser erforderlich, außerdem Licht, ein wenig Wärme und Zeit (1, 2, 3, 4 Monate oder mehr), außerdem Platz und regelmäßige Kontrollen.

Welche Nachteile hat Urin als Dünger?

Kurz und zusammenfassend gesagt: Es gibt nur wenige!

Urin enthält Wasser, 1 bis 2% Harnstoff (eine Verbindung mit 45% Stickstoffanteil) sowie anorganische und organische Substanzen, nichts Gefährliches, diese aber in Konzentrationen, die von den Pflanzen ohne weiteres aufgenommen werden. Wenn mehrere Menschen ständig an die gleiche Stelle urinieren, wird der Urin zu einem flüssigen Unkrautvernichter, der auch Regenwürmer verscheucht. Auf einer nicht gedüngten Wiese, auf der Urin von (Nutz-)Tieren durch Tau und Niederschläge verdünnt wird, wächst das Gras umso schöner nach (vgl. Abb. S. 79)! Aufgrund eines gewissen Salzgehaltes ist es auch für Tiere schmackhafter.

Wichtig: Der frische Urin eines gesunden Menschen ist nicht toxisch[26]. Einige Menschen trinken sogar Urin[27], um die ausgeschiedenen Mineralien zu recyceln. Sofern Sie nicht gerade Spargel essen, riecht frischer Urin auch nicht. Mit der Zeit und mit steigender Temperatur zerfällt der Harnstoff jedoch zu Ammoniak, das sich in die Atmosphäre verflüchtigt. Dabei geht einerseits Stickstoff für die Pflanzen verloren, andererseits entsteht gleichzeitig ein schlechter Geruch! Wird der Urin verdünnt, können nach etwa 24 Stunden Lagerung durch die sich zersetzenden Proteine ebenfalls Gerüche nach verdorbenem Fisch entstehen. Dies gilt übrigens auch für organische Flüssigdünger und Pflanzengülle.

Im Allgemeinen werden alle biologischen Stoffe im Freien bei Raumtemperatur über kurz oder lang zerfallen. Es ist der Abbau der Proteine, die stickstoffhaltige und manchmal auch schwefelhaltige Verbindungen abgeben und dadurch die Fäulnisgerüche erzeugen: Fische, faulende Eier, Ammoniak, Erbrochenes, Tannin, Kadaver oder Fäkalien, schon am Geruch können wir erkennen, woraus die ursprüngliche Substanz hergestellt wurde. Ein weiterer Hinweis auf den Zersetzungszustand ist das Auftreten von Fliegen, die von sauren und ammoniakhaltigen Gerüchen angezogen werden!

Wichtig: Im eigenen Garten ist es einfach, frischen Urin sofort zu verwenden. Er kann auch in einem geschlossenen Behälter kühl gelagert einige Zeit aufbewahrt werden. Wenn der Deckel geöffnet wird, riecht es nach

[26] Toxizität: Urin sollte von Fäkalien getrennt werden, da Kot potentiell mit Krankheitskeimen belastet ist. Voraussetzung für ein Recycling ist eine hygienische Behandlung wie z.B. eine Kompostierung bei 70°C.

[27] Diese Praxis gibt es unter mehreren Namen: Urintherapie, Amaroli etc.

3 Urin und Kompost als Dünger nutzen

dem austretenden Ammoniak. Gießen Sie den Urin schnell in die Gießkanne, verdünnen Sie ihn bei Bedarf und verteilen Sie die Mischung gleich im Garten. Wenn Sie die Gießkanne ausleeren, gibt es auch keinen Geruch, keine Fliegen und keine Mücken!

Für einen Gemeinschafts-Gemüsegarten wird empfohlen, den Urin 1 Monat lang in einem Tank aufzubewahren. Während dieser Zeit sterben potenziell infektiöse Keime ab. Als Vorsichtsmaßnahme [28] ist es ratsam, die verdünnten Düngergaben 3 bis 4 Wochen vor der Ernte einzustellen und das Gemüse vor dem Verzehr mit Wasser gründlich zu waschen. Dem professionellen Landwirt ist es verboten, Urin zu verwenden, da er laut Düngegesetz nicht auf der Liste der im ökologischen Landbau zugelassenen Zusatzstoffe steht! Es darf nur tierischer Urin aus dem eigenen Betrieb verwendet werden, wobei eine Ausnahmegenehmigung für die Ausbringung auf Parzellen Dritter beantragt werden kann. Aufgrund dieses Verbots für den professionellen Einsatz von Urin kommt als Alternative nur ein handelsübliches Gemisch auf Harnstoffbasis infrage, das in der konventionellen Landwirtschaft zugelassen ist. Da ist die Frage angebracht: Was ist denn nun besser, synthetischen Harnstoff zuzulassen, oder die Verordnung zu ändern, um die Verwendung von Urin, der natürlichen Harnstoff enthält, zu ermöglichen?

Der agrarökonomische Wert

Vom agrarökonomischen Standpunkt betrachtet enthält 1 Liter Urin durchschnittlich 6 g Stickstoff (N), 1 g Phosphor (P_2O_5), 2 g Kalium (K_2O), 0,3 g Magnesium (MgO) und andere essentielle Mineralien (Spurenelemente). Stickstoff, Phosphor, Kalium und Magnesium sind die vier Hauptkomponenten von Handelsdünger. Für Urin heißt die NPK-Formel damit (siehe unten): NPK (Mg) 0,6 - 0,1 - 0,2 - (0,03). Tatsächlich ist es die Formel für einen Frühjahrsdünger, der die Vegetation mit einer im Vergleich zu den anderen drei Komponenten relativ hohen Stickstoffgabe wieder in Gang bringt! Um den Bedürfnissen der Kulturen in vollem Umfang gerecht zu werden, ist es bei der Urindüngung daher notwendig, andere Mineralien zu ergänzen. Besonders im Hinblick auf Kalium sind organische Zuschläge und das Ausbringen von Holzasche [29] angezeigt und verbreitet.

Details zu Stickstoff, Phosphor, Kalium [30] und Humus

Die landwirtschaftlichen Erträge und die Pflanzenqualität reagieren zum Teil sehr empfindlich auf diese Elemente. Daher macht es Sinn, den Mineraliengehalt für jede Kultur und jeden Boden zu bestimmen und den Bedarf durch Düngergaben auszugleichen. Die Zahlen auf den Düngemittelsäcken und die entsprechenden Analyseblätter geben die Massenanteile von Stickstoff N, Phosphor (P_2O_5) und Kalium (K_2O) an. Der Humusgehalt wird oft als „Stabilitätsindex der organischen Substanz" bezeichnet. Bei der etwas komplexen Berechnung ist zu berücksichtigen, dass 1 Liter (500 g) Kompost mindestens 50 g Humus liefert.

- **N** bezeichnet Stickstoff, abgeleitet vom englischen Wort „Nitrogen".

---

[28] Quellen: Caroline Schönning: Public Health Researcher. Schwedisches Institut für Infektionskrankheiten. Steinfeld Carol: Liquid Gold. The Lore and Logic of Using Urine to Grow Plants. [Flüssiges Gold – Tradition und Erfordernisse, um Urin für den Anbau von Pflanzen zu nutzen] vgl. Bibliographie.

[29] Vorsicht bei Überdosierung von Holzasche: 50 g/m² sollten nicht überschritten werden. Holzasche ist nicht geeignet für säureliebende Pflanzen (z.B. Azaleen), da sie den pH-Wert des Bodens erhöhen.

[30] Üblicherweise werden P und K in der Oxidform angegeben: P_2O_5 und K_2O, was oft zu Verwirrung führt! Die Mengenangaben in P oder P_2O_5 bzw. in K oder K_2O dürfen nicht verwechselt werden, denn 2,3 g P_2O_5 entsprechen 1 g P und 1,2 g K_2O entsprechen 1 g K. Es wäre hilfreich, wenn der Düngerstandard irgendwann einmal vereinfacht würde.

Links: Fertiger Kompost aus einer Kompostierungsanlage. Rechts: Wurmkompost aus dem Hausgarten.

Früher wurde Nitrat (NO_3) zur Herstellung von Schießpulver verwendet, ganz unabhängig vom Einsatz in der Landwirtschaft. Die Hauptablagerungen von Nitrat fanden sich in der Stadt, wo der Urin an Keller- bzw. Sockelmauern in „Steinsalz" umgewandelt wurde und den Namen „Salpeter" erhielt. In einigen Ländern waren die Bauern sogar verpflichtet, mit Nitrat aus tierischen Exkrementen zur Produktion von „militärischem" Salpeter beizutragen.

- **P** steht für Phosphor und wurde 1667 bei der Suche nach Gold im Urin entdeckt! Phosphor ist in der DNA und einigen Proteinen enthalten und an den Energietransfers in den Zellen beteiligt.
- **K** steht im Lateinischen wie im Deutschen für das Element Kalium. Der Name „Kali" steht dagegen für „Kaliasche" oder Pottasche, eine Kalium-Verbindung. Das lateinische Wort „kalium" ist vermutlich vom arabischen Wort „al-kali" abgeleitet, was auch soviel wie „Asche" bedeutet. Kalium wird von den Pflanzen in sehr großen Mengen aufgenommen. Seine Rolle im biologischen Stoffwechsel ist vielfältig. Insbesondere fördert es die Widerstandsfähigkeit der Pflanzen gegen Wasserstress und Krankheiten. Hinweis: Das im Urin enthaltene Natrium, ebenfalls ein Alkalimetall, spielt eine zum Kalium ergänzende Rolle.
- **Humus**, ein griechisches Wort für „Erde", besteht aus reifer organischer Substanz und fehlt im Urin ganz: die dunkle Substanz ist das endgültige Abbauprodukt von organischem Material pflanzlichen Ursprungs. Ein guter Garten- oder Ackerboden enthält mindestens 6 - 7 kg/m^2 Humus. Ein Teil davon, etwa 50 bis 150 g/m^2 pro Jahr, wird laufend mineralisiert [31] und sollte nach Möglichkeit jedes Jahr ersetzt werden.

Die Bilder oben zeigen beispielhaft den Humus aus zwei verschiedenen Komposten nach dem endgültigen Abbau im Boden durch verschiedene Akteure: Bakterien, Regenwürmer, Pilze etc.
Je nach Art der angebauten Pflanzen benötigt ein Gemüsegarten pro Ernte und pro Quadratmeter Fläche folgende Stoffzufuhr: 6 bis 30 g Stickstoff, 2 bis 10 g Phosphor (P_2O_5), 6 bis 30 g Kalium (K_2O), 50 bis 250 g Humus. Vereinfachend können wir feststellen, dass diese Dosis durch 1 bis 5 l Kompost (500 g bis 2,5 kg) und 1 bis 5 l Urin pro Quadratmeter eingebracht wird.

[31] Quelle: Gros, André: Guide pratique de la fertilisation. [Praktischer Leitfaden zur Düngung]. éditions La Maison Rustique, Paris 1992.

3 Urin und Kompost als Dünger nutzen

[32] Priestley entdeckt 1772, dass eine Pflanze in der Lage ist, die durch das Atmen eines Tieres abgestandene Luft zu regenerieren. Zwischen 1777 und 1789 untersuchte Lavoisier die Zusammensetzung der atmosphärischen Gase am Ein- und Ausgang der Lunge und zeigte, dass die Atmung von Säugetieren eine Verbrennung ist. 1804 betont Nicolas de Saussure, dass der Kohlenstoffbestandteil von Pflanzen aus atmosphärischem Kohlenstoff (CO_2) stammt. Mehr dazu in: Lance Claude: Respiration et photosynthèse. [Atmung und Photosynthese], op. cit.

[33] Zur Erinnerung: 1 l Kompost (= ca. 500 g) stellt den Pflanzen mindestens 50 g Bodenhumus sowie 1 g Phosphor (P_2O_5) und 4 g Kalium (K_2O) zur Verfügung.

[34] Anwendung: Unverdünnt einmal vor der Aussaat oder verdünnt in zeitlichen Abständen.

[35] 1 l Urin und 1 l Kompost liefern mindestens: 6 g Stickstoff (N), 2 g Phosphor (P_2O_5), 6 g Kalium (K_2O) und 50 g Humus.

Weitere Elemente:
- **Kalzium**: Da es in Kompost, kalkhaltigen Böden und bestimmten Gewässern natürlich vorkommt, muss es selten in den Garten ausgebracht werden. Wenn es zu einem Kalzium-Mangel kommt (bei sauren Böden oder Starkzehrern wie z.B. Tomaten) kann dieser durch Holzasche oder zerkleinerte Eierschalen ausgeglichen werden.
- **Magnesium**: Mit der oben genannten Menge an Kompost wird dieses Element in ausreichender Menge in den Garten eingebracht.
- **Schwefel**: Er ist der Begleiter von Stickstoff in bestimmten Proteinen. Unser stickstoffhaltiger Abfall, der im Garten recycelt wird, enthält genug davon.
- **Spurenelemente**: „Spuren" steht für „kleine Mengen". Diese Elemente sind in geringen Dosen sowohl für uns als auch für die Pflanzen und die Fauna des Bodens unverzichtbar. Im Allgemeinen enthalten organische Düngemittel diese Elemente in ausreichender Menge.
- **Kohlenstoff** steht den Pflanzen kostenlos und in großer Menge zur Verfügung. Die Blätter der Pflanzen absorbieren bei der Photosynthese Kohlenstoff in Form von CO_2 aus der Atmosphäre. Wenn Sie tagsüber vor Ihren Pflanzen ausatmen[32], führen Sie ihnen damit Nahrung zu! Durch die Blattatmung, d.h. den organischen Stoffwechsel wird Kohlenstoff assimiliert und letztlich für die Bodenfauna und die Humusbildung zur Verfügung gestellt.
- **Sauerstoff** und **Wasserstoff** kommen im Wasser und im CO_2 vor. Beide Elemente werden bei der Photosynthese dissoziiert und von der Pflanze reorganisiert.
- **Vitamine** werden nicht gebraucht, die Pflanzen machen sie selbst!

Vereinfachend wird als grundlegende Nährstoffzufuhr mit Urin und Kompost empfohlen:
- 1 l Urin sollte mit mindestens 1 l Kompost[33] in den Boden eingebracht werden.

Denn es ist die organische Substanz, die es ermöglicht, den Urin in eine pflanzenverträgliche Form umzuwandeln, und die Mineralstoffe im Humusbestand ergänzt!

Für den Gemüsegarten sind folgende Dosierungen[34] anzuwenden (genaue Dosierung siehe Tabelle 7):

- Bei schwach zehrenden Pflanzen[35], z.B. Salate, Petersilie oder Rettich: 1 l (500 g) Kompost + 1 l Urin pro 1 m².
- Bei mittelstark zehrenden Pflanzen, wie z.B. Tomaten: 2 bis 3 l (1 bis 1,5 kg) Kompost + 2 bis 3 l Urin pro 1 m².
- Bei sehr stark zehrenden anspruchsvollen Pflanzen wie Tomaten oder Gurken im Tunnelgewächshaus: 4 bis 5 l (2 bis 2,5 kg) Kompost + 4 bis 5 l Urin pro 1 m².

Häuslicher Grünabfall-Kompost: 1 Liter Kompost wiegt ca. 500 g. Diese Menge sollte mindestens zu Beginn jeder Vegetationsperiode pro Quadratmeter in die ersten 5 cm des Bodens eingearbeitet werden.

Organische Bodenverbesserung und Düngung	Gründüngung	Bodenverbesserung
durchschnittl. Analysewerte von 2015	Kompost aus Grünabfällen	Kompost a. Lebensmittelabfällen
Trockenmasse	61%	59%
Organische Masse	33%	36%
Organischer Kohlenstoff-Gehalt	17%	18%
Gesamtstickstoff-Gehalt (NTK)	1%	2,1%
Stickstoffmineralisierung innerh. v. 91 Tagen	0,5%	4,5%
C/N-Verhältnis gesamt	17	8,6
Verfügbarer Stickstoff im 1. Jahr	0,005%	0,09%
Phosphor gesamt (als P_2O_5)	0,4%	1,4%
Kalium gesamt (als K_2O)	0,8%	0,9%
Magnesium gesamt (als MgO)	0,4%	0,5%
Calcium gesamt (als CaO)	5,7%	7,2%
pH-Wert	8,4	8,7
Stabilitätsindex d. organischen Substanz ISMO	80	80
Stabiler Humus nach 91 Tagen	26%	29%

Tabelle 3 : Kompost-Zusammensetzung (Durchschnittswerte, ermittelt in 2015 in der Gegend von Voiron). Anmerkungen: Inhalte in Prozent des Brutto-Gesamtgehaltes. Aus dieser Tabelle ist zu erkennen, dass den Pflanzen sehr wenig Stickstoff zur Verfügung steht. In der Praxis werden 50% des gesamten Phosphors als verfügbar angesehen.
Quelle: Analysen des Landwirtschaftlichen Instituts Auréa für landwirtschaftliche Flächen in Voiron nahe Grenoble.

Organisches Produkt	C/N -Verhältnis	
Urin	0,8	Schnell assimilierbarer Stickstoff = Organischer Dünger
Flüssige Gülle	2 - 3	
Gemischte Schlachtabfälle	2	
Blut	2	
Fäkalien	6 - 10	Dünge-und Bodenverbesserungsmittel
Grüne Pflanzenabfälle (nicht holzig)	7	
Humus	10	Nahrung für die Boden- und Humusfauna = Biologische Bodenverbesserungsmittel
Kompostierter Mist, 8 Monate alt	10	
Kompostierter Mist, 4 Monate alt	15	
Kot von Haustieren	15	
Laub von Leguminosen	15	
Frischmist mit geringem Strohanteil	20	
Küchenabfälle	23	
Kartoffelschalen	25	
Frischer Strohmist	30	
Torf	30 - 50	
Stroh	50 - 150	
Sägemehl	200 - 500	

Tabelle 4: C/N-Verhältnis organischer Produkte
Nach: von Heynitz, Krafft: Kompost im Garten. a.a.O.

3 Urin und Kompost als Dünger nutzen

Wie kommt der Urin zu den Pflanzen?

36) Das Einbringen von frischem Kompost, Frischmist und nicht kompostiertem Material muss vor der Anlage neuer Kulturen erfolgen, um eine gute Zersetzung vor dem Anwachsen der jungen Pflanzen zu ermöglichen: vorteilhaft und ungiftig.

37) Urinausbringung wie gehabt: Einige Menschen ziehen es vor, ihn 2- oder 3-fach zu verdünnen, um ihn besser zu verteilen, wobei es wichtig ist, die maximale Menge an Urin pro Quadratmeter zu beachten und die vorgesehene Gesamtdosis einzuhalten.

38) Als Wasser sollte salzfreies Regen- oder Leitungswasser verwendet werden. 20-fache Verdünnung = 2 Biergläser (25 cl) auf eine 10 l-Gießkanne für 1 m² Fläche. Zum Gießen der Topfpflanzen wird analog 1 Glas (25 cl) auf eine 5 l Gießkanne gegeben oder 1 kleines Glas (10 cl) auf eine 2 l-Gießkanne.

39) Bei reinem Blattwerk: Das ergibt 12 g Harnstoff pro Liter, was eine übliche Dosis für die Blattdüngung ist.

Zur Erinnerung: Zunächst einmal wird es notwendig sein, ein organisches Bodenverbesserungsmittel einzubringen. Dies kann gegen Ende der zurückliegenden Saison [36] in Form von frischem Kompost und/oder Gülle erfolgen, oder kurz vor Kulturbeginn durch gereiften Kompost. Für jeden 1 Liter Urin, der als Pflanzendünger ausgebracht werden soll, sollte 1 Liter Kompost in die oberen 5 cm Erde eingearbeitet werden. Das soll den Kalium- und Humusgehalt des Bodens ergänzen, der für die Mineralisierung des Urins unerlässlich ist.

Es gibt – wie gesagt – zwei Möglichkeiten, den Urin zu den Pflanzen zu bringen:

1. Reiner Urin wird wie beschrieben [37] auf dem Boden ausgebracht, ähnlich wie bei organischem Dünger in Pulver- oder Granulatform: vor der Aussaat direkt auf den Boden, und in Mengen, die in Tabelle 7 genannt werden.
2. Verdünnter Urin wird wie ein flüssiger organischer Dünger verwendet: 20fach mit Wasser verdünnt [38] kann er während der gesamten Saison in passenden Mengen und Zeitabständen (vgl. Tabelle 7).

Hinweis: der Urin kann auch pur [39] oder 2-3fach verdünnt angewendet werden, gesprüht als Blattdünger, um eine geschwächte Pflanze zu revitalisieren.

Landwirtschaftliche Effizienz ohne Umweltverschmutzung

Einige Leute denken, dass Urin verschmutzt. Wenn der Urin richtig dosiert wird, wird er von den Pflanzen vollständig aufgenommen, ohne die Bodenorganismen zu stören und ohne dass Nitrat oder Phosphat in den Wasserkreislauf gelangt. Es besteht also keine Verschmutzungs- oder Verbrennungsgefahr, im Gegenteil, die so befruchteten Pflanzen wachsen und fördern das Ökosystem um sie herum. Sie werden sogar ihr Abwehrsystem verbessern und mehr Kohlenstoff speichern und Sauerstoff liefern.

Es ist daher notwendig, dass:
1. der Boden ausreichend mit organischer Substanz versorgt ist (pro Quadratmeter und Jahr mindestens 1 bis 5 Liter Gülle oder Kompost, die in die oberen 5 Zentimeter des Bodens eingearbeitet werden);
2. Die Urindosierung richtet sich nach dem Bedürfnissen der Pflanzen, den Erntezielen und dem Bodenreichtum (siehe Tabelle 7);
3. Die Wahl der Einbringungsform in die Pflanzenbeete ist klar festgelegt: Urin, wie er ist, d.h. unverdünnt, kann in einer einzigen Anwendung gezielt nur vor dem Anbau ausgebracht werden oder während des Anbaus, dann aber zwingend in 20facher Verdünnung und alle 2 bis 3 Wochen.

Dosierung für die Unterhaltsdüngung (Verfahren 2) mittels Gießkanne: 1 kleines Weinglas (0,1 l) voll Urin auf eine kleine 2 l-Gießkanne, 1 Bierglas (0,25 l, entspricht etwa 1 x Pinkeln) für eine 5 l-Gießkanne bzw. 2 Biergläser (2 x Urinieren) auf eine 10 l Gießkanne.

Hinweis: Die Blattdüngung ist Fachleuten vorbehalten, die den Pflanzen einen Schub geben, einen Mangel korrigieren oder eine Behandlung durchführen wollen.

Fazit: Welche Art der Urineinbringung gewählt wird, hängt von den Gewohnheiten der Gärtner*innen ab und davon, ob es möglich ist, ausreichende Mengen an Urin zu lagern.

Methode 1 (Bodenvorbereitung)

Dabei wird Urin im Freien in seiner unveränderten Form ausgebracht, wie bei organischem pulverförmigem Dünger, und zwar zwischen 1 und 5 l/m² je nach Pflanzentyp (siehe Tabelle 7). Voraussetzung ist, dass genügend Urin für die zu beschickende Fläche gesammelt wurde.

Maßnahme 1: Achten Sie bei Ihrer Ernährung auf einen nicht zu hohen Salzgehalt (oder verwenden Sie Diätsalz mit einem Kaliumgehalt von mindestens 50%). Da zwischen 1 und 5 Liter Urin pro Quadratmeter auf einmal ausgebracht werden, könnte ein Überschuss an Salz (NaCl) bei Böden, die bereits reich an Natrium[40] sind, schädlich sein.

Maßnahme 2: Es sollten vor der Uringabe mindestens 1 - 5 l organische Zusatzstoffe pro Quadratmeter Boden eingearbeitet werden. Für die Umwandlung des Urins in eine Form, die von den Pflanzen aufgenommen werden kann, ist mindestens 1 Liter Kompost pro Liter Urin erforderlich. Der Kompost absorbiert die Gerüche, die durch die Zugabe von 1 - 5 Liter Urin pro 1 m² entstehen.

Maßnahme 3: Variieren Sie die Mengen an unverdünnt ausgebrachtem Urin je nach den Bedürfnissen der Pflanzen und dem Gehalt des Bodens (siehe Tabelle 7); bringen Sie insgesamt 1 l Urin pro Quadratmeter für schwach zehrende Pflanzen wie Salat oder Rettich aus, für einen durchschnittlichen Bedarf 2 - 3 l/m² und bis zu 5 l/m² für sehr anspruchsvolle Pflanzen, die unter Glas oder Folie angebaut werden.

Hinweis: Unter einem Folientunnel kann die Urinausbringung über mehrere Tage verteilt werden, falls die Geruchsentwicklung zu unangenehm sein sollte.

Maßnahme 4: Warten Sie mit dem Pflanzen oder der Aussaat 1 bis 2 Wochen, bis der Urin mineralisiert ist. Einen wesentlichen Hinweis gibt die ausbleibende Geruchsentwicklung, die anzeigt, dass der Urin mineralisiert ist.

Maßnahme 5: Ein zusätzlicher Düngebeitrag in der Wachstumsphase ist dem erfahrenen Gärtner vorbehalten, der einen Stickstoffmangel erkennen kann. Er kann diesen Mangel ggf. durch Blattdüngung oder Gießen des Bodens mit 20fach verdünntem Urin alle 2 Wochen korrigieren.

Zusammenfassung: Das Einbringen von Kompost in den Boden und das anschließende Ausbringen von unverdünntem Urin, einmalig vor der Pflanzung/Aussaat, in aufeinander abgestimmten Mengen sind komplementäre, d.h. zusammengehörende Maßnahmen. Sie tragen auch dazu bei, Geruchsbelästigungen und eine Belastung des Bodens mit Schadstoffen zu vermeiden. Urin liefert den Stickstoff, der für einen guten Start der Vegetation innerhalb von 15 Tagen notwendig ist. Der Kompost dient als Nährstoffspeicher und zur Unterstützung des Bodenlebens und des Pflanzenwachstums. Die Anwesenheit von Regenwürmern im Boden – oder die Zufuhr von Wurmkompost – sorgt ergänzend für Mineralien, Spurenelemente und den Aufbau von natürlichen Pflanzenschutzmitteln. Die empfohlenen Kompost- und Urindosierung reicht aus, um den Bedarf von Boden und Kultur für die Wachstumsphase zu decken. Bei Bedarf können Experten die Nährstoffe durch Blattdüngung oder 20fach verdünnten Urin ergänzen.

[40] Im Allgemeinen wachsen Pflanzen in Erde mit einem Salzgehalt von bis zu 1 Gewichts-‰ Natriumchlorid, entsprechend maximal 300 g Kochsalz pro Quadratmeter. Quelle: Gros André: Guide pratique de la fertilisation. [Praktischer Wegweiser zur Bodenfruchtbarkeit.] a.a.O.

Methode 2 (Unterhaltsdüngung)

Verwendung von Urin als organischer Flüssigdünger für Pflanzen im Boden oder in Töpfen, wenn der Urin bedarfsgerecht zugeführt wird.

Maßnahme 1: Achten Sie auf einen nicht zu hohen Salzgehalt in Ihrer Ernährung. Ein zu hoher Salzeintrag (durch den Urin) kann sich nachteilig auf das Bodenleben auswirken. Andererseits brauchen die wiederverwertenden Organismen und die Bodenfauna etwas Salz. Ein bisschen Salzeintrag ist also gut, solange die Ernährung ausgewogen ist. Sie können Ihr Essen auch mit Kalium-, Magnesium- und Kalzium-Salz würzen, das ist auf jeden Fall gut für die Pflanzen.

Maßnahme 2: Eine lebendige Bodenkultur schaffen: Bereiten Sie den Boden vor, indem Sie mindestens 1 - 5 l Kompost oder Biomasse pro Quadratmeter einarbeiten, vorzugsweise im Herbst oder späten Winter, wenn es sich um frischen Kompost oder Mist handelt, oder im Frühjahr kurz vor der Pflanzensaison, wenn Sie reifen Kompost haben. Die Menge an organischem Strukturmaterial, das in den Boden eingebracht werden muss, hängt von den zu kultivierenden Pflanzen und vom Reichtum des Bodens ab. Wir haben bereits gesehen, dass pro Liter Urin mindestens 1 Liter Kompost benötigt wird. Dieser organische Input fördert die Entwicklung der Bodenfauna und ermöglicht es, dass der Urin mineralisiert wird, so dass er von den Pflanzen aufgenommen werden kann.

Egal, ob Sie in Töpfen, Säcken oder im Gemüsegarten kultivierten: Bieten Sie Ihren Pflanzen ein gehaltvolles, gut belüftetes Bodensubstrat, das nach Erde oder Unterholz riecht. Es sind durchaus unterschiedliche Mischungen möglich, so dass Sie auch eigene Mischungen mit verschiedenen Materialien aus örtlichem Grünschnitt herstellen können. Aufgrund seiner guten Stabilität kann reifer Kompost pur verwendet werden, aber auch vermischt mit anderen Materialien wie Gartenerde, kalkhaltigem Sand, Lavamehl, Torf, Kokosmull usw. Wenn Sie Zweifel an der Reife Ihres Substrats haben, füllen Sie eine Probe Ihrer Mischung für 24 Stunden bei Raumtemperatur in einen dicht verschlossenen Plastikbeutel. Wenn sich nach 24 Stunden ein unangenehmer Geruch zeigt, bedeutet das, dass für einige Komponenten der Abbauzyklus noch nicht abgeschlossen war. In diesem Fall sollten Sie die Mischung belüften und abwarten, bis die Gerüche verschwunden sind. Wenn das Kultursubstrat bereits genutzt wurde, sollten Sie möglichst frisches Substrat oder Kompost zugeben: 2 - 3 cm beim oberflächlichen Einarbeiten bzw. 1/3 der Gesamtmenge beim Mischen von Substrat für Topfkulturen. Ideal ist es, eine Handvoll Wurmkompost (ca. 30 g) pro Liter Substratmischung zuzugeben. Die Anwesenheit von Regenwürmern stellt kein Problem dar, sondern ist vielmehr ein guter Indikator der Verträglichkeit des Substrats für die Pflanzen!

Maßnahme 3: Führen Sie den Urin 1:20 mit Wasser verdünnt [41)] den Pflanzen zu, anderenfalls können mehrere Probleme auftreten: ein übermäßiger Salzgehalt führt dazu, dass die Pflanzen „verbrennen", d.h. durch das überschüssige Salz quasi austrocknen. Es können aber auch Stickstoffverluste durch eine zu große Aufnahme von frischem kohlenstoffhaltigem Material auftreten. Dieses Phänomen der „Denitrifikation" wird bei organischen Düngemitteln häufig beobachtet, die zu hoch dosiert oder zu häufig angewendet werden: Trotz reichlicher Düngergaben wächst es nicht! Das ist normal, da der Abbauzyklus unterbrochen und zu viel „frische" Nahrung zugeführt wurde; dadurch entwickeln sich Schadorganismen auf Kosten der Pflanzen.

Zum Verdünnen des Urins wird folgendes einfache und vielseitig anwendbare Verfahren empfohlen:

- Für Gemüsebeete mit mäßig zehrenden Pflanzen geben Sie 2 Biergläser mit jeweils 0,25 l Urin in eine 10 l Gießkanne und gießen die gesamte Menge auf 1 m^2 Boden aus. Die insgesamt 4 bis 6 Anwendungen pro Saison sollten mindestens jeweils 15 Tage auseinander liegen.
- Für Topfpflanzen geben Sie 1 Weinglas mit 0,1 l Urin in eine 2 l Gießkanne oder 1 Bierglas mit 0,25 l Urin in eine 5 l Gießkanne. Gießen Sie solange, bis die Flüssigkeit aus dem Topf in den Untersetzer austritt.

Eine genauere Dosierung für die gängigsten Pflanzensorten wird in Tabelle 7 (Seite 39/40) gegeben.

Maßnahme 4: Warten Sie 2 bis 3 Wochen zwischen zwei Anwendungen. Im Frühjahr ist der Nährstoffbedarf der Pflanzen noch gering und der biologische Abbau langsam. Im Frühsommer steigt mit der Menge der Blätter der Bedarf nach Wasser und Mineralien, auch die Mineralisierung verläuft schneller. Düngen Sie im Sommer entsprechend dem Bedarf der Pflanzen: Wenn die Blätter keine sehr grüne Farbe haben, wird 20fach verdünnter Urin zugegeben. Wenn die Früchte zu klein sind, können Sie Wurmkompost-Saft oder Kompost-Tee [42] hinzufügen. Die Düngung sollte 3 - 4 Wochen vor der Ernte beendet werden. Weitere Düngemittel sind nicht erforderlich, die Versorgung mit verdünntem Urin ist für den Boden und die Topfpflanzen ausreichend, um gesunde Pflanzen und reichliche Erträge zu erhalten.

Zwischen den Urin-Düngungen sollte der Boden durch normale Bewässerung möglichst kühl und feucht gehalten werden, insbesondere an heißen und sonnigen Tagen. Die Verdunstung des Bodens wird durch Mulchen z.B. mit Stroh begrenzt, was eine Bewässerung der Pflanzen jedoch nicht gänzlich erübrigt. Um 1 kg grüne Pflanzen (Wurzeln + Blätter + Stängel + Blüten + Früchte) zu erhalten, sind zwischen 50 und 100 l Wasser erforderlich. Dieses Bewässerungswasser geht nicht verloren, sondern zirkuliert: Es hält nicht nur ein aktives Leben im Boden aufrecht und befördert die Nährstoffe durch die Pflanzen, sondern wirkt auch kühlend auf das Mikroklima, wodurch ein Vertrocknen der Pflanzen verhindert wird. Am Ende gelangt das Wasser durch Tau und Niederschlag wieder zurück auf die Erde.

Beim Bewässern muss man aufpassen, denn die durch das Wachstum der Pflanzen entstehende Biomasse benötigt zunehmend mehr Wasser: Ein Geheimnis des grünen Daumens liegt in der Regelmäßigkeit der Bewässerung und der sorgsamen Zufuhr von verdünntem Urin alle 2 Wochen, was bei anspruchsvollen Pflanzen und heißer Witterung auch auf einmal pro Woche gesteigert werden kann.

Anmerkungen zu den Zuschlagstoffen

- Bei **reifem Kompost** ist das Risiko einer Überdosierung gering. Es besteht keine Verbrennungsgefahr, auch nicht bei Gaben von über 10 l/m². Es ist jedoch nicht ratsam, bei säureliebenden Pflanzen, wie z.B. Heidelbeeren, die einen niedrigen, d.h. sauren pH-Wert des Bodens bevorzugen, zu viel Kompost zuzugeben.

- **Wurmkompost** ist stärker mineralisiert als Kompost. Er entsteht durch Kaltkompostierung (bei 25 - 35°C) in dünnen, jeweils 50 cm starken Schichten. Da die Herstellung länger dauert als die Kompostierung durch Umsetzen, stellt dieser Düngebeitrag eine zusätzliche qualitative Ergänzung dar. Denn er enthält mehr assimilier-

---

[41] Das Gießwasser sollte nicht mehr als 0,5 g Natriumchlorid pro Liter Wasser enthalten. Quelle: Gros, André: Guide pratique de la fertilisation. [Praktischer Wegweiser zur Bodenfruchtbarkeit.] a.a.O.

[42] Kompost-Tee: ist ein Dünger, bestehend aus einem kalten Aufguss von 1 l reifem Kompost oder Wurmkompost mit 10 l Wasser, der für eine Nacht zieht.

bare Mineralien und nützliche Substanzen aus dem Wurmschleim. Wo kein Wurmkompost verfügbar ist, können die Regenwürmer im Boden durch Untergraben von Gründüngungskulturen wie Luzerne, Phacelien, Senf, Abfällen früherer Kulturen und weichen Küchenabfällen ein ähnliches Ergebnis erzielen. Das Vorhandensein von Regenwürmern ist für die Bodenbelüftung auf jeden Fall von Vorteil. Darüber hinaus liefern sie Stoffe, die für den Pflanzenschutz wichtig sind.

- **Holzasche:** versorgt kalkarme Böden mit Kalzium, wirkt darüber hinaus als kaliumreicher Dünger (4 - 10% K_2O) und liefert noch andere Spurenelemente. Beim Ausbringen ist Vorsicht angebracht, da man den pH-Wert des Bodens aus dem Gleichgewicht und manche Stoffe in den Überschuss bringen kann. 50 g/m² pro Jahr sind eine angemessene Dosis, insbesondere wenn ausreichend Kompost verwendet wird.
- **Kompost-Tee und Wurmkompostsaft:** sind gute Düngerergänzungsmittel, die – 10fach verdünnt – von Früchten und Blumen schnell aufgenommen werden, weil sie reich an Kalium sind.

Unten: Dosierung nach Methode 2, bezogen auf 1 m² Boden: 2 Biergläser (0,25 l) voll flüssiges Gold (2 x Urinieren) auf eine Gießkanne mit 10 l Wasser geben und im Abstand von mindestens 15 Tagen ausbringen.

Unten rechts: Einmal monatlich mit Aurin gedüngter Pfeffer an der Eawag.

Welche Produktion kann mit 1 l Urin erzielt werden?

In Tabelle 7 (Seite 39/40) sind die Mengen an Urin angegeben, die erforderlich sind, um viele der üblichen Obst- und Gemüsearten bei nicht intensivem Anbau zu produzieren. Nachfolgend einige Erntebeispiele beim Einsatz von 1 l Urin:

- *Ein im 2-Liter-Topf gepflanzter Salat.*
  Urinaufnahme: 10 cl (1 l Urin wurde mit 20 l mit Kompost angereichertem Boden vermischt, jeder 2 l-Topf enthält dadurch 10 cl Urin bis zur Ernte)
  Durchschnittliche Ernte: 1 Salat à 200 g, d.h. Ausbeute: 200 g Salat aus 0,1 l Urin
  Ernte pro 1 l Urin: 2 kg oder etwa zehn Köpfe Salate à 200 g
- *Kartoffelpflanze in einem 10 l-Topf.*
  Urinaufnahme: 50 cl (1 l Urin wurde mit 20 l mit Kompost angereichertem Boden gemischt, jeder 10 l-Topf erhält damit 50 cl Urin bis zur Ernte)

Durchschnittliche Ernte: 700 g Frühkartoffeln plus 700 g Stängel und Blätter als Ernterückstand
Gesamternte: 1,4 kg, davon netto 50% Kartoffeln und 50% Ernterückstände
Ausbeute: 1,4 kg (Kartoffeln und Rückstände) aus 0,5 l Urin
Ernte pro 1 l Urin: 2,8 kg, davon 50% Nettoernte und 50% wiederverwertbare Pflanzenreste für den Garten
- *Hinweis:* Bei der Ernte später Kartoffeln bleiben weniger Ernterückstände, so dass die Nettoernte größer ist.

Pflanzenarten	Ernterückstände [kg]	Nutzernte [kg]
Mittlere Ernte von Blattgemüse: Basilikum, Kohl, Salate, Mangold etc.	0,2	1,7
Durchschnittliche Ernte von Blüten-Gemüse: Artischocken, Blumenkohl etc.	1,2	0,5
Durchschnittliche Ernte von Fruchtgemüse: Paprika, Tomaten etc.	1,1	2,5
Mittlere Ernte von Wurzelgemüse: Rote Rüben, Rüben, Kartoffeln etc.	1,1	1,8
Durchschnittlicher Ertrag	**1**	**1,6**

Insgesamt liegen nicht so viele Daten vor, um genauere Ernteeverte für 1 l Urin zu ermitteln. Tabelle 5 bietet eine erste Schätzung, die jeder überprüfen, vergleichen und ggf. dem Autor per Email berichten kann.

Angesichts der unterschiedlichen Bedürfnisse von Kulturpflanzen und der Unterschiede im Düngewert des Urins schlage ich die folgende empirische Formel vor:

**1 Liter Urin als Dünger eingebracht
+ mindestens 1 l im Boden enthaltener Kompost
= (liefern)
2 kg pflanzliche Biomasse,
= (bestehend aus)
1 kg Nettoernte +
1 kg Pflanzenreste (wiederverwertbar)**

Tabelle 5: Durchschnittliche Pflanzenmenge, die mit 1 l Urin produziert werden kann (wenn 1 l Kompost in den Boden eingebracht wurde). Aus dieser Tabelle geht hervor, dass mit 1 l Urin 2 bis 3 kg Ernte (einschließlich der Ernterückstände) erzielt werden kann.

Links: Salat im Wachstum.
Rechts: Die Ernte neuer Kartoffeln besteht aus 50% Blättern und Stängeln und 50% Knollen.

Topfkulturen

Für die erste Ausgabe dieses Buches hatte ich noch nicht prüfen können, welches Mengenverhältnis von Urin und Erde für den Anbau von Topfpflanzen optimal ist: Eine Mischung aus 1 Liter Urin auf 20 l Erde reicht als Dünger für das Pflanzenwachstum von 2 Monaten aus. Die Blumenerde sollte von guter Qualität sein und einen hohen Anteil an Kompost oder Wurmkompost enthalten.

Durch das Mischen von Urin und Kompost wird ein Düngervorrat in der Erde angelegt, der eine Nährstoffreserve bis zur Ernte bietet. Bei der Topfkultur beginnen wir mit der Anzucht von Sämlingen in Kulturschalen, dann werden die Pflanzen in 1 - 2 l-Töpfe umgetopft, und am Ende - wenn nötig - in noch größere Töpfe. Bei jedem Umtopfen wird die gleiche Substratmischung verwendet.

Mit dieser Technik lassen sich zusätzliche Düngergaben vermeiden. Bei sehr anspruchsvollen Pflanzen kann es jedoch angebracht sein, im Abstand von 2 Wochen zusätzlich noch Urin 20fach verdünnt zuzugeben. Die nachstehende Tabelle enthält Beispiele für die Düngung von Topfpflanzen (weitere Einzelheiten siehe Tabelle 7).

Zusammenfassend kann die Urindüngung für Topfpflanzen auf drei Arten erfolgen:

- während der Kultur alle 15 Tage durch Gießen mit 20fach mit Wasser verdünntem Urin;
- als Vorratsdüngung für eine Wachstumsperiode von 1 - 2 Monaten: 1 l Urin mit 20 Liter Erde bzw. Kompost mischen, nach dem Einpflanzen mit Wasser gießen;
- oder: Pflanzen Sie die Pflanzen in einen gut bewässerten Topf und geben Sie Urin (unverdünnt) zu gemäß der Dosierung in Tabelle 6.

Bei Obstbäumen sollte die Dosis pro Quadratmeter in den Bereichen ausgebracht werden, soweit die Wurzeln im Boden reichen, d.h. unter der gesamten Baumkrone. Die Zahlen in der Tabelle sind abgeleitet von allgemeinen Dünger-Richtwerten [44] und gehen von folgender Äquivalenz aus: 1 l Urin + 1 l Kompost = 6 g Stickstoff (N), 2 g Phosphor (P_2O_5), 6 g Kalium (K_2O), 50 g Humus.

[43] Topfpflanzenvolumen, Quelle: Lemaître, Hortensia und Gállego, José T.: El Huerto ecológico in macetas. Edicions RBA Libros, Barcelona, 2012. [Buch in spanischer Sprache über den ökologischen Anbau von Gemüsen in Topfkultur].

[44] CTIFL: Interdiszipinäres technisches Zentrum für Obst und Gemüseanbau, Herausgeber des Memento de fertilisation des cultures légumieres. (Richtwerte zur Düngung von Gemüsepflanzen).

[45] Quelle: Aufsätze in Terre Vivante, Sommer 2017

[46] Im Freien: Anzahl der Anwendungen von 0,5 l Urin, die 20fach verdünnt werden müssen. Oder 2 Biergläser à 25 cl Urin auf eine Gießkanne mit 10 l Wasser pro Quadratmeter. Weitere Anwendungen erfolgen in Abständen von mindestens 2 Wochen.

[47] Pflanzen in Töpfen: Bei der Methode 1 wird reiner Urin mit 20 l Anzuchterde gemischt. Bei Methode 2 wird 20-fach verdünnter Urin alle 15 Tage angewendet.

Pflanzen	Topfvolumen [l]	Urin-Zugabe je Topf	Mögliche Netto-Ernte
Koriander	1	0,5 dl	85 g
Petersilie	2	1,0 dl	170 g
Spinat	4	2,0 dl	340 g
Erdbeeren	5	2,5 dl (= 1 Bierglas voll)	
Spätkartoffeln	10	5,0 dl	900 g
Gurken	12	6,0 dl	1,5 kg
Aubergine	15	7,5 dl	1,9 kg
Spargel	20	1,0 l (= 4 Biergläser voll)	-
Tomaten	30	1,5 l	3,8 kg
Schwarze Johannisbeeren	50	2,5 l	-
Palmen	75	3,75 l	-
Obstbäume	100	5 l (= 20 Biergläser voll)	-

Tabelle 6: Dosierung der Urindüngung bei Topfkulturen.

Methode 1:
Ausbringen des Urins nach dem Einarbeiten des Kompostes, 15 Tage vor Kulturbeginn oder im Frühjahr bei mehrjährigen Kulturen (z.B. Erdbeeren oder Spargel) oder Winterkulturen (z.B. Weizen).
- Die Starter-Dosierung entspricht der Mindestmenge für Böden, die reich an Gründüngung oder Abfall aus früheren Kulturen sind oder zuvor mit Gründüngung oder Abfall aus früheren Kulturen ergänzt wurden.
- Die Maximal-Dosierung ist erfahrenen Gärtnern auf ständig genutzten Böden mit hohen Ertragszielen vorbehalten.

Methode 2:
Ausbringen von Urin 20fach verdünnt während der Kultur.
- Auf den Boden: Die angegebenen Zahlen entsprechen der Anzahl der Anwendungen von 20fach verdünntem Urin. Beim Pflanzen bzw. Anlage der Kultur gießen, dann weiter im Abstand von 2 bis 3 Wochen; 3 bis 4 Wochen vor der Ernte Uringaben beenden.
- Topfpflanzen: Die in der Tabelle angegebenen Zahlen nennen das Volumen der Töpfe [43] in Liter. Beispiele: Ein Salat kann in einem 3- oder 4 l-Topf angebaut werden, eine Tomatenpflanze in einem 25 oder 30 l-Topf. Sie können 1 l Urin für 20 l Blumenerde mischen und umtopfen, oder alle 15 Tage mit 20fach verdünntem Urin wässern (siehe vorherige Seite: „Topfkultur").

	Methode 1: Bodendüngung mit Urin vor Kulturbeginn [Liter Urin pro m²]		Methode 2: Unterhaltsdüngung mit verdünntem Urin während der Kultur [Zahl der Anwendungen] [46]	Topfkulturen[47] [Volumen des Pflanzgefäßes in Liter]
	Starter-Dosis	Maximal-Dosis		
Artischocken	2	3	3 – 5	25
Aubergine	3	4	5 – 6	15
Aubergine (unter Folie)	3	5	6 – 10	15
Broccoli	1	3	3 – 5	15 – 20
Gurken (unter Folie)	4	5	8 - 10	12 - 10
Karotten	1	2	2 – 3	6 – 8
Kartoffeln	2	3	3 – 6	40 – 50
Kohl	3	5	5 – 10	15 – 20
Knoblauch	2	3	3 – 7	4 – 5
Kürbis	2	3	3 – 7	40 – 50
Mangold	3	4	6 – 8	6 – 8
Paprika	2	4	4 – 8	10 – 15
Paprika (Folie)	3	4	6 – 10	10 – 15
Petersilie (3 Schnitte)	1	2	2 – 4	3
Porree	3	4	4 – 10	6 – 8
Radieschen	1	2	2 – 3	4
Rote Bete	2	3	3 – 7	4 – 5
Rüben	1	2	2 - 4	4 – 5
Salat	1	2	2 – 3	3 – 4
Schalotten	1	2	2 – 4	4 – 5
Sellerie (Knolle)	3	4	5 – 7	4 – 5
Stangensellerie	3	5	6 – 10	4 – 5
Spargel	1	3	2 – 6	15 – 20
Spinat	2	3	3 – 8	4

Tabelle 7: Dosierung der Urinzugabe für Hauptkulturen.

	Methode 1: Bodendüngung mit Urin vor Kulturbeginn [Liter Urin pro m²]		Methode 2: Unterhaltsdüngung mit verdünntem Urin während der Kultur [Zahl der Anwendungen] [46]	Topfkulturen[47] [Volumen des Pflanzgefäßes in Liter]
	Starter-Dosis	Maximal-Dosis		
Tomaten	2	3	4 – 6	25 – 30
Tomaten (Folie)	4	5	8 – 11	25 – 30
Zucchini	2	3	3 – 7	20 – 50
Zucchini (Folie)	3	5	6 – 10	20 – 50
Zwiebeln	2	3	3 – 7	4 – 5
Mittelwert	**2**	**3**	**4 – 7**	**-**
Braune Bohnen	0	1	1 – 3	10 – 12
Grüne Bohnen	0	1	1 – 3	10 – 12
Grüne Erbsen	0	1	0 – 1	8 – 10
Weiße Bohnen	0	1	1 – 2	10 – 12
Mittelwert	**0**	**1**	**1 – 2**	**-**
Mais	2	4	4 – 8	8 - 10
Raps	1	2	2 – 4	-
Reis	3	5	6 – 10	-
Sonnenblumen	1	2	2 – 4	10 – 12
Weizen	2	4	4 – 8	-
Mittelwert	**2**	**3**	**3 – 6**	**-**
Haselnuss	1	2	2 – 4	50 – 100
Mandeln	1	2	2 - 4	50 – 100
Oliven (Öl)	1	2	2 – 4	100 – 200
Walnuss	1	2	2 – 4	100 – 200
Mittelwert	**1**	**3**	**3 - 5**	**-**
Apfel	2	3	4 – 6	50 – 100
Aprikosen	2	3	4 – 6	50 – 100
Birne	2	3	4 – 6	50 - 100
Erdbeeren	1	2	2 – 4	4 – 6
Erdbeeren (Folie)	1	2	4 – 6	4 – 6
Himbeeren	1	2	2 – 3	10 – 20
Heu	1	2	2 – 4	-
Kirschen	2	3	4 – 6	50 – 100
Pfirsich	2	3	4 – 6	50 – 100
Pflaumen	2	3	4 – 6	50 – 100
Rosmarin	1	2	2 – 3	6 – 8
Schwarz. Johannisbeeren	1	2	2 – 3	10 – 20
Stachelbeeren	1	2	2 – 3	10 – 20
Thymian	0	1	1 – 2	3 – 4
Trauben	1	2	2 – 3	10 - 20
Mittelwert	**1**	**2**	**3 – 5**	**-**

Tabelle 7: Dosierung der Urinzugabe für Hauptkulturen.

Für die Anwendung ist es ein gewisser Vorteil, dass Urin täglich anfällt, so dass es jederzeit möglich ist, die Zufuhr bei sorgfältiger Beobachtung an die Bedürfnisse der Kulturen anzupassen, d.h. die Dosierung und die Zeitabstände zu reduzieren oder zu erhöhen.

Angesichts des hohen Tongehalts meines Gartenbodens möchte ich möglichst schnell einen Anteil von 4% organischer Substanz erreichen. Dies ist durch fortgesetztes Mulchen mit Laubholz-Häcksel möglich. Später werde ich dann nicht mehr umgraben müssen, so hoffe ich. Andernfalls müsste ich den Gehalt an organischer Substanz im Boden noch weiter erhöhen.

Im September erzählten mir zwei Kollegen, dass sie die Kombination aus Urin + Holzhäcksel-Mulch im nächsten Frühjahr ausprobieren wollen. Dann werden wir gemeinsame Beobachtungen machen und hoffentlich noch besser vorankommen.

Mein Fazit: Ich habe Urin und Holzhäcksel-Mulch auf Empfehlung angenommen und setze diese Praxis jetzt freiwillig fort.

Für diejenigen, die mehr wissen wollen, möchte ich auf den vierseitigen Artikel hinweisen: „Le bois raméal fragmenté, un outil pour doper les sols en matières organiques" [Laubholz-Häcksel, ein Mittel zur Verbesserung von Böden mit organischer Substanz] von Matthieu Archambeaud und Benoît Noël, die die Forschungen am CTA durchgeführt haben. Dieser Artikel ist im Internet verfügbar: https://agriculture-de-conservation.com/Le-bois-rameal-fragmente-un-outil. [47a]"

Soweit der Bericht von Jean-Paul Lang, 2017

[47a] Der Artikel enthält die Formel zur Berechnung der Stickstoffdüngung auf der Grundlage der bereitgestellten Holzhäcksel-Mengen. Das Dokument des CTA mit dem Titel „Abschlussbericht des Projekts: Umsetzung des Laubholz-Häcksel-Mulchens (BRF) in der wallonischen Landwirtschaft", im französischen Original „Rapport final du projet: mise en oeuvre de la technique du bois reméal fragmenté (BRF)" kann auch online eingesehen werden.

„Urokultur" – Hydrokultur mit Urinlösung

Für diejenigen, die Urin als Dünger für eine Hydrokultur versuchen wollen, (die Wortschöpfung Urokultur deutet die Nähe zur Hydrokultur an, da eine permanente Nährlösung verwendet wird), empfehle ich folgende Nährlösung für 40 l Wasser: 1 l Regenwurmtee (Saft, der unter der Wurmkompostschale gewonnen wird) + 1 l Urin, der durch die im Folgenden beschriebene Aquarientechnik mineralisiert wird. Wenn kein Wurmkompostsaft verfügbar ist, kann Wurmkompost in einen Strumpf oder einen Stoffbeutel gegeben und in den Tank für die Nährlösung gelegt werden.

Da das Leitfähigkeitsmessgerät zur Grundausstattung einer Hydrokultur gehört, stellen Sie die richtige Verdünnung durch Messung der Leitfähigkeit ein, die zwischen 1 und 2 mS/cm liegen sollte.

Mineralisierung des Urins durch Aquarientechnik

In einem Aquarium werden alle im Wasser vorhandenen organischen Abfälle mit Hilfe mehrerer natürlich vorkommender Bakterienarten abgebaut und mineralisiert. Der Prozessverlauf hängt von der Wassertemperatur, der Art der Abfälle und von der Menge des vorhandenen Sauerstoffs ab. Wenn es darum geht, schnell zu sein, arbeiten Sie im Sommer mit einer leistungsstarken Pumpe, ansonsten braucht der Prozess bei 20°C 1 bis 2 Wochen mit einer auf die Wassermenge abgestimmten Aquarienluft-

Hydrokultur mit Aurin im März 2014 in der „Palmeraie des Alpes".

Experiment mit einer Feldsalat-Hydrokultur mit Urin, durchgeführt in der „Palmeraie des Alpes".

[48] Wenn keine Pumpe verwendet werden kann, dauert die vollständige Mineralisierung viel länger, nämlich rund 2 Monate bei Raumtemperatur.

[49] Nitrat: Es ist eine Stickstoffverbindung, die von den Pflanzen direkt aufgenommen werden kann. Es steht am Ende des Stickstoffkreislaufs. Hinweis: Einige Pflanzen nehmen bevorzugt Ammoniak auf, das am Anfang des Abbaus von Harnstoff steht.

pumpe[48]. Um den Urin mit Hilfe der Aquarientechnik zu mineralisieren, empfiehlt sich folgendes Verfahren: den Urin 40fach verdünnen und die Flüssigkeit mit einer Pumpe oder besser mit einem Aquarienbelüfter belüften, eventuell mit einem Heizstab nachheizen, um die Flüssigkeit auf mindestens 20°C zu halten. Nach 1 bis 2 Tagen tritt der Geruch durch die Proteinzersetzung (Fischgeruch) auf. Der Raum muss dann gelüftet werden, da dieser Geruch ekelhaft ist und 2 bis 3 Tage anhält. Wenn der Geruch nachlässt, bleibt die Pumpe in Betrieb, bis der Ammoniak vollständig verschwunden ist und die Nitrate entstehen[49]. Stellen Sie die Verdünnung durch Messung der Leitfähigkeit ein. Für die Überwachung wird ein Analyse-Set (für pH, Nitrat und Ammoniak) des kundigen Aquarienbesitzers verwendet.

Anmerkung des Fachlektors: Der Abbau von Ammonium zu Nitrat in einem belüfteten Behälter ist ein komplexer biochemischer Prozess, der nur Experten vorbehalten ist. Bei falscher Dosierung besteht die Gefahr, dass entweder giftiges Ammoniak in die Luft entweicht oder Nitrit in der Flüssigkeit entsteht. Nitrit ist eine Vorläufersubstanz zum Nährstoff Nitrat und im Gegensatz zu diesem sehr toxisch für Wasser- und Bodenlebewesen. Das Verfahren zur Herstellung von Aurin-Dünger verwendet diesen Prozess unter streng kontrollierten Bedingungen.

4 Auswirkung von Kochsalz auf uringedüngte Pflanzen

Ist das Salz in unserem Essen für Pflanzen verträglich?

Menschlicher Urin kann einen relativ hohen Anteil an Natrium und Chlor enthalten, etwa 6 g/l. Diese beiden Elemente sind die Hauptbestandteile von Speisesalz, dessen durchschnittlicher individueller Verbrauch in Frankreich bei etwa 9 g pro Tag liegt [50]. Einige Menschen konsumieren sogar 12 g pro Tag oder mehr! Die Hauptbeiträge stammen aus dem Verzehr von Brot, Käse und fermentierten Zubereitungen, Brühen, Wurstwaren, Konserven, Würstchen, Pizzen, Pommes frites, Fertiggerichten, bestimmten Mineralwässern usw. So werden Natrium und Chlor, die wir durch unsere Nahrung in unseren Körper aufnehmen, nach der Verdauung über den Stoffwechsel hauptsächlich durch die Nieren und über den Urin wieder ausgeschieden. **Natrium** ist für unsere Ernährung unerlässlich, da es eine wichtige Rolle bei der Regulierung des osmotischen Drucks, des elektrolytischen Gleichgewichts und des Wassergehaltes in unserem Körper spielt. Die Empfehlungen der Gesundheitsvorsorge gehen jedoch dahin, weniger davon zu konsumieren. In der Landwirtschaft gilt Natrium als nicht notwendiges bzw. wichtiges Element für die Entwicklung der meisten kultivierten Ackerpflanzen. Es ist in hoher Konzentration für Pflanzen sogar giftig und schädlich für den Boden, der zum Abbau des Salzes beiträgt. Wir werden jedoch noch sehen, dass Salz bei moderater Dosierung für die Pflanzen von Vorteil sein kann und in bestimmten tonhaltigen Böden sogar „blockiertes" Kalium freisetzen kann. Bei Rüben oder Mangold kann Natrium die Rolle des Kaliums übernehmen, wenn dieses Element fehlt [51].
Das Element **Chlor** verbindet sich sowohl mit Natrium als auch mit Kalium. Die Verbindungen sorgen dafür, einen optimalen Feuchtegehalt in unserem Körper aufrecht zu erhalten. Es trägt auch über die Bildung von Salzsäure, einer Komponente des Magensaftes, zur Verdauung bei. Chlor ist ein essentielles Spurenelement auch für Pflanzen, was nur wenige Gärtner wissen. Einige Pflanzen schätzen es besonders, vor allem Zwiebeln.

[50] Quelle: Französische nationale Agentur für Lebensmittelsicherheit, Umwelt und Arbeit (ANSES).

[51] Quelle: Handbook of Plant Nutrition. (Handbuch der Pflanzenernährung). 2. Auflage, CRC Press, 2015, S. 703 bis 705.

> **Für diejenigen, die Berechnungen mögen ...**
>
> Die 9 g Salz, die jeden Tag aufgenommen und wieder ausgeschieden werden, sind fast vollständig in den anderthalb Litern Urin enthalten, die der Mensch im Durchschnitt täglich ausscheidet. Das ergibt eine Konzentration von 6 g Salz pro Liter im Urin (= 9 g / 1,5 l).
>
> Urin enthält ca. 20 g Mineralien pro Liter. Chlor und Natrium (Salz) machen also 30% der im Urin enthaltenen Mineralien aus (= 6 g Salz / 20 g Mineralien), was nicht zu vernachlässigen ist!

Das Vorhandensein von Chlor reduziert das Auftreten von Wurzel- und Blattkrankheiten erheblich [52].
Natrium und Chlor werden in der Liste der Pflanzennährstoffe selten erwähnt, sind aber in einigen Obst- und Gemüsearten in signifikanten Mengen vorhanden (siehe Tabellen 10 und 11). Trotz ihres schlechten Rufs werden wir sehen, dass die Anwesenheit dieser Elemente, durch die Düngung mit salzhaltigem Urin, für die Pflanzen von großem Vorteil ist!

[52] Quelle: Ebenda, S. 348 und 352.

Was veranlasst unseren Instinkt, unser Essen zu salzen?

Hier ein Auszug aus der Schrift „La Cuisine et la Table modernes du Larousse" von 1900, die mir von Luc Veyron, Präsident der Gartenbau-Forschungsanstalt in Rhône-Alpes und aktiver Gemüsegärtner in Saint-Étienne-de-Saint-Geoirs (Isère), zugeschickt wurde:

„Wenn wir uns einmal ansehen, wie sich Wildtiere verhalten, bei denen der Instinkt nicht durch äußere Einflüsse verändert ist, stellen wir fest, dass alle Pflanzenfresser eifrig nach Salz suchen. [...] Dagegen wurden derartige Beobachtungen bei Greifvögeln und Fleischfressern nicht gemacht. Außerdem zeigen unsere Haustiere die gleichen Unterschiede. Die wesentliche Ursache für diesen Unterschied zwischen Pflanzenfressern und Fleischfressern ist offenbar die Art ihrer Ernährung. Die von Pflanzenfressern konsumierten Pflanzen sind reich an Kalisalzen und relativ arm an Natriumsalzen. Wenn Kalisalze, die vom Verdauungstrakt aufgenommen werden, in den Blutkreislauf gelangen, treffen sie auf Natriumsalze, insbesondere auf Natriumchlorid, also Kochsalz. Die dort auftretenden Reaktionen führen dazu, dass die Kalisalze die Natriumsalze verdrängen und zu den Ausscheidungsorganen befördern. Die Pflanzennahrung überschwemmt daher den Körper mit großen Mengen an Kalisalzen und „vertreibt" damit große Mengen an Natriumsalzen. Da das Natriumchlorid jedoch für den Körper absolut notwendig ist, wird er instinktiv gedrängt, diesen Verlust auszugleichen, indem er mit seiner Nahrung Salz zu sich nimmt. In der Nahrung der Fleischfresser hingegen liegen Kalium- und Natriumsalze in besser ausgeglichener Konzentration vor, so dass der Organismus des Fleischfressers durch seine Ernährung keinen Verlust an Natriumchlorid erfährt. Deshalb hat er nicht dieses instinktive Bedürfnis nach Salz, das der Pflanzenfresser zeigt. Zusammenfassend und ohne jede chemische Erklärung können wir feststellen, dass pflanzliche Lebensmittel ein instinktives Bedürfnis nach Salz erzeugen; und umgekehrt sollte die Fleischkost kein solches Bedürfnis erzeugen. Das also ist die These. Aber gilt das auch für den Menschen? Der geniale Wissenschaftler, der dies geschrieben hat, der Physiologe Bunge aus Basel, führte eine historische und ethnographische Untersuchung durch, mit denkwürdigen Ergebnissen: „Bei allen Völkern," sagte er, „die Landwirtschaft betrieben und sich vegetarisch ernährten, war Salz ein gefragter Stoff und nahm einen wichtigen Platz in der Nahrung und damit im Leben ein. Andererseits haben sich die Völker, die von der Jagd und dem Fischfang lebten, d.h. diejenigen mit traditioneller Fleischkost, offensichtlich nie um dieses Lebensmittel gekümmert und haben manchmal nicht einmal ein Wort in ihrer Sprache, um diesen Stoff zu bezeichnen." Es scheint also bekannt zu sein, dass die Pflanzennahrung die Ursache für das Verlangen nach Salz ist. Der Bedarf ist umso größer, je reicher an Kalium die verzehrten Pflanzen sind."

Kommentar
Die meisten Landpflanzen enthalten viel Kalium, es gibt aber auch einige Arten mit einem erheblichen Natriumchlorid-Gehalt (vgl. Tabelle 10 „Toleranz essbarer Pflanzen gegen Wasser mit hohem Salzgehalt (NaCl)" am Ende dieses Kapitels).
Je nach Bodenbeschaffenheit kann das Verhältnis von Kalium- zu Natriumgehalt variieren. Dies ist beispielsweise bei Kartoffeln der Fall: Die gleiche Sorte, einmal an der Küste und einmal im Landesinneren angebaut, zeigt unterschiedliche Mineraliengehalte.

Untersuchungen an Topfkulturen

Im Frühjahr und Sommer 2017 habe ich die Auswirkungen des Salzgehalters im Urin auf die mit Urin gedüngten Pflanzen untersucht, und zwar für Topfkulturen und Hydrokulturen [53]. Um Fehler bei den Untersuchungen zu vermeiden, waren mehrere Mitarbeiter*innen [53a] beteiligt, um das Mischen, Umtopfen und Gießen der Kulturen planmäßig auszuführen. Folgende Pflanzen wurden auf ihre Salzempfindlichkeit getestet: Erdbeeren, Petersilie, Kartoffeln, Salat, Chinakohl, Paprika, Fenchel, Sellerie und Mangold. Hinweis: Als ich mit den Untersuchungen begann, wusste ich noch nicht, wie viel Chlor und Natrium in diesen Pflanzen zu finden ist. Uns hat auch interessiert, welche Auswirkungen die Substitution von Meersalz durch ein natriumarmes Diätsalz haben würde. Es gibt viele abgewandelte Sorten von Kochsalz auf dem Markt, die an die Ernährung von Menschen mit bestimmten Krankheiten angepasst sind. Ich habe mich entschieden, Tests mit dem Diätsalz „Essential" aus den Salins du Midi durchzuführen, da es leicht auf dem Markt erhältlich ist und weder im Geschmack noch in der Anwendungsempfehlung Unterschiede gegenüber einem herkömmlichen Meersalz aufweist. Es kann daher genauso verwendet werden, ohne die Essgewohnheiten zu verändern. Der Vorteil dieses Speisesalzes besteht darin, dass 50% des im herkömmlichen Salz enthaltenen Natriums durch Kalium ersetzt ist; außerdem enthält es etwas Magnesium und Kalzium, was gut für Pflanzen erscheint. Da wir keinen Urin mit konstanter Zusammensetzung (hinsichtlich der im Urin enthaltenen Elemente wie Stickstoff, Phosphor u.a.) hatten,

[53] Hydrokultur ist eine Kultur ohne Erde oder ein anderes Substrat. Die Pflanzenwurzeln erhalten ihre Nährstoffe nur durch Bewässerung mit einer Nährlösung.

[53a] Aude Bardoux, Auszubildende für Gemüsebau zu Beginn der Untersuchungen, später dann Fanny Sanson, Landschaftspraktikantin, sowie Éric Ferrari, Gartenbautechniker

mussten wir einen salzfrei rekonstruierten Urin auf Basis von Harnstoff und Mineralsalzen anrühren (die Zusammensetzung dieses rekonstruierten Urins ist auf Anfrage beim Autor erhältlich).

Wir haben dann vier Urine mit unterschiedlichem Salzgehalt hergestellt:

- Urin 1 enthält eine durchschnittliche Menge an Natriumchlorid (Kochsalz) entsprechend 6 g NaCl pro Liter Urin;
- Urin 2 enthält die doppelte Menge an Speisesalz entsprechend 12 g NaCl pro Liter Urin;
- Urin 3 enthält die durchschnittliche Menge unter Verwendung von 6 g Diätsalz pro Liter Urin;
- Urin 4 enthält die doppelte Menge Diätsalz, also 12 g Diätsalz pro Liter Urin.

Alle Topfpflanzen erhielten die gleiche Menge an gedüngter Erde: jeweils 1 Liter Test-Urin gemischt mit 20 Liter Erde. Die Umtopf-Erde wurde mit der gleichen Mischung hergestellt, so dass die Pflanzen mit der gleichen Düngerkonzentration während der Kulturzeit aufwuchsen. Wir haben zum Vergleich auch eine urinfreie Kontrollkultur sowie eine Kontrollkultur mit einem Referenzdünger für den Gartenbau angelegt.

Für die in Hydrokultur angebauten Pflanzen war es das Ziel, die Wirkungen verschiedener Salzarten im Urin ohne weitere Nährstoffeinträge bei den Dosierungen null (ohne Salz), normal (6 g/l) und doppelt (12 g/l) zu vergleichen. Die Verdünnung betrug jeweils 1 l Urin auf 44 l Wasser.

Untersuchungsergebnisse bei Erdbeeren

Nach 4 Wochen Kultur zeigte sich bei allen Pflanzen ein zufriedenstellendes Wachstum. Im Detail (Abb. rechte Seite oben):

- Die Erdbeere im ersten Topf links (hinter dem gelben Etikett) hat sehr grüne und üppige Blätter entwickelt. Dies ist auf die perfekt nährende Wirkung des Gartendüngers zurückzuführen. Dieser Topf dient als Referenz und dem Vergleich mit den anderen mit Urin gedüngten Pflanzen.

Für die Hydrokultur wurden 6 Schalen mit verschiedenen Nährstofflösungen aufgestellt: eine mit salzfreiem Urin, eine mit Urin, der Speisesalz in normaler Dosis enthält, eine mit Urin und Speisesalz in doppelter Dosis, eine mit Urin und Diätsalz in normaler Dosis, eine mit Urin und Diätsalz in doppelter Dosis sowie als Referenz eine mit einer im Gartenbau üblichen Nährlösung.

Ansicht nach 3 Wochen Wachstum: Von links nach rechts: Mangold, Petersilie, Erdbeeren, Chinakohl, Salat, Sellerie und Kartoffeln.

4 Auswirkung von Kochsalz auf uringedüngte Pflanzen

- Bei den beiden folgenden Töpfen (vor der Dose Diätsalz „Essential") ist die Frühreife der Erdbeeren bemerkenswert. Dies ist auf den zusätzlichen Beitrag des Diätsalzes zurückzuführen: weniger Natrium, mehr Kalium, Magnesium und Kalzium. Bei der doppelten Dosis Diätsalz kommt es zu einer früheren Ernte als bei normaler Dosis.
- Die beiden rechts daneben mit Kochsalzlösung (klassisches Salz) gedüngten Pflanzen zeigen vergleichbares Laub, wachsen jedoch langsamer und werden später reif.
- Der vorletzte Topf rechts (vor dem gelben Etikett) enthält Erdbeeren, die mit salzfreiem Urin kultiviert wurden. Die Blätter sind etwas gelber.
- Das Erdbeerlaub im letzten Topf rechts (vor dem gelben Etikett) ist ebenfalls blasser. Der Nährstoffmangel verursacht offenbar Stress, so dass die Erdbeerpflanze nur dünnes Laub entwickelt, wie hier zu sehen ist.
- Die Ergebnisse der Topfkulturen wurden durch die Hydrokulturen bestätigt: Alle Pflanzen zeigten eine zufriedenstellende Entwicklung über die gesamte Kulturperiode hinweg.
- Pflanzen, die mit diätsalzhaltigem Urin gedüngt wurden, wurden früher reif.

Untersuchungsergebnisse bei Salat

Nach 4 Wochen Wachstum stellten wir fest, dass alle Salate – außer der am rechten Rand des Fotos – ein zufriedenstellendes Ergebnis brachten. Im Detail:

- Der Salat im ersten Topf links (hinter dem gelben Etikett) ist gesund und kompakt. Dieser Topf mit normalen Gartenbau-Dünger dient als Vergleich.

Vergleich der Erdbeerpflanzen, die mit Kochsalz-Urin und Diätsalz-Urin gedüngt wurden. Die besser entwickelte Pflanze links wurde mit doppelter Dosis gedüngt.

Bilder in der Mitte und rechts: Nach 2-wöchiger Hydrokultur mit diätsalzhaltigem Urin: in der Mitte eine mit „normaler" Dosis gedüngte Erdbeerpflanze; die mit der „doppelten" Dosis Diätsalz gewachsenen Erdbeeren rechts zeigen deutlich üppigeren Wuchs.

4 Auswirkung von Kochsalz auf uringedüngte Pflanzen

Oben: Salatpflanzen nach 4 Wochen Kultur.

Rechts: Detailansicht der Salate, gedüngt mit diätsalzhaltigem Urin.

Unten: Bataviasalat nach 3 Wochen Kultur mit salzhaltigem Urin.

Unten: Bataviasalate; links die mit Referenzdünger gedüngte Pflanze, daneben die mit salz- und diätsalz-haltigem Urin gedüngten Pflanzen nach 2 Wochen Kulturzeit.

- In den beiden folgenden Töpfen (vor der Dose mit dem Diätsalz) sind die Salate sehr grün und wohlgeformt, weder zu hartlaubig, noch zu weich. Zum Zeitpunkt der Aufnahme besteht kaum ein Unterschied zwischen den Töpfen mit der einfachen und der doppelten Dosis Diätsalz. 2 Wochen später (also nach insgesamt 6 Wochen Kulturzeit) ist derjenige Salat am weitesten gediehen, der mit Urin und einer einfachen Dosis Diätsalz gedüngt wurde. Er ist mit 310 g Erntegewicht und 280 g Nettogewicht auch der größte.

- Die beiden mit salzhaltigem Urin (Kochsalz) gedüngten Salatköpfe zeigen vergleichbar viel Laub, sind aber kleiner. Es wird noch eine Woche dauern, bis sie reif sind.
- Der vorletzte Topf rechts (vor dem gelben Etikett) enthält Salat, der mit salzfreiem Urin angebaut wurde. Die Blätter sind etwas gelber.
- Der Salat im letzten Topf rechts (vor dem gelben Etikett) ist viel kleiner und weniger entwickelt. Er sollte mit neuer Mischung umgetopft werden, da die Nährstoffe offenbar aufgebraucht sind.

Ein zweiter Salattest

Da die Salate Batavia als salzempfindlich gelten, haben wir einen Kulturtest im Topf wiederholt. Nach 2 Wochen ergab sich das gleiche Bild wie im vorherigen Test: Alle Salate sind gut entwickelt und knackig, mit einem leichten Vorteil bei dem mit diätsalzhaltigem Urin (in Normaldosis) gedüngten.

Die schönsten Salate nach mehr als 3 Wochen Wachstum waren die mit salzhaltigem Urin gedüngten (Kochsalz und Diätsalz in normaler und doppelter Dosierung).

Diese bestätigen die Ergebnisse der ersten Tests, was auch auf dem Foto auf der linken Seite unten zu sehen ist:

- 1. Topf links: Der gartenbauliche Referenzdünger liefert eine kompakte Pflanze.
- Die folgenden zwei Töpfe (Urin mit Diätsalz in doppelter und einfacher Dosis): die Salate sind größer (Anmerkung: Das gelbe Band einiger Blätter ist auf einen Sonnenstrahl zum Zeitpunkt der Aufnahme zurückzuführen).
- Die beiden Töpfe weiter rechts (Urin mit normalem Kochsalz in doppelter und einfacher Dosis) haben ansehnliche Salate hervorgebracht.
- Der letzte Topf ganz rechts (salzfreier Urin): Dieser Salat ist der kleinste. Offensichtlich reicht ein stickstoffreicher Dünger wie salzfreier Urin allein nicht aus, dass sich der Salat „voll" entwickeln kann. Eine Erklärung dafür findet sich am Ende dieses Kapitels.
- Die Ergebnisse mit Hydrokultur waren identisch: Alle Salate sind im Allgemeinen gut gewachsen, mit einem leichten Plus bei denjenigen, die mit diätsalzhaltigem Urin kultiviert wurden.

Untersuchungen mit Mangold

Nach 4 Wochen Anbau können wir auf den ersten Blick erkennen, dass alle Pflanzen durchweg schöne Blätter aufweisen.
Im Detail (vgl. Bild unten):
- Der Mangold im 1. Topf links (hinter dem gelben Etikett) ist gesund und kompakt. Dieser mit Gartenbaudünger gedüngte Topf dient als Referenz.
- Bei den nächsten beiden Töpfen (hinter der Schachtel mit dem Diätsalz) sind die Mangoldblätter grün und wohlgeformt, es entwickeln sich kräftige Rippen. In diesem Stadium gibt es kaum einen Unterschied zwischen dem mit einfacher und dem mit doppelter Dosis Diätsalz gedüngten Topf.
- Die beiden mit gewöhnlichem Kochsalz gedüngten Töpfe haben ein breites, aber weniger dichtes Laub als die mit Diätsalz gedüngten Töpfe.
- Der vorletzte Topf rechts (hinter dem gelben Etikett) enthält mit salzfreiem Urin gedüngten Mangold. Blätter und Rippen sind kleiner im Wuchs.

Batavia-Salat nach 2 Wochen in Hydrokultur mit diätsalzhaltigem Urin in „normaler" Dosis gedüngt. Verdünnung des Urins in der Hydrokultur: 1 l Urin auf 44 l Wasser.

Nach einer Kulturzeit von 6 Wochen sind die ansehnlichsten Mangoldpflanzen diejenigen, die mit diätsalzhaltigem Urin in ein- und zweifacher Dosierung gedüngt wurden.

Untersuchungsergebnisse für Petersilie

Nach 4 Wochen Kultur zeigen sich folgende Ergebnisse:

- Es ist zu sehen, dass die Petersilie im ersten Topf links (hinter dem gelben Etikett) einen dichten und kompakten Wuchs aufweist. Dies ist auf die Wirkung des gärtnerischen Düngers zurückzuführen, und dient uns als Referenz.
- Die Petersilie in den folgenden zwei Töpfen (hinter der Diätsalz-Dose) ist schön grün. Hier wurde mit diätsalzhaltigem Urin gedüngt, in einfacher und doppelter Dosis.
- In den beiden Töpfen daneben, die mit salzhaltigem Urin gedüngt wurden, sind die Pflanzen etwas kleiner.
- Der vorletzte Topf rechts (hinter dem gelben Etikett) enthält mit salzfreiem Urin gewachsene Petersilie. Die Blätter sind etwas gelber.
- Das Laub der Petersilie im letzten Topf rechts (hinter dem gelben

Detail des Mangoldgemüses, das mit diätsalzhaltigem Urin gedüngt wurde.

- Der Mangold im letzten Topf rechts (hinter dem gelben Etikett) ist viel blasser. Der Boden ist ausgelaugt und enthält keine Nährstoffe mehr.
- Die Mangoldpflanzen, die mit diätsalzhaltigem bzw. salzhaltigem Urin gedüngt wurden, sind nach 4 Wochen Wachstum am ansehnlichsten.

Oben: Unterschiedlich gedüngte Petersilienpflanzen: links die mit Referenzdünger gezogene, rechts daneben zwei mit Diätsalz und eine mit Kochsalz gezogene Pflanze.

Rechts: Details der mit diätsalzhaltigem Urin gedüngten Petersilie.

Etikett) ist blasser und spärlicher. Die Nährstoffe im Boden sind offensichtlich erschöpft.

Hinweis: Petersilie brauchte eine gewisse Zeit der Anpassung an die Urindüngung, das Ergebnis war aber am Ende in allen Töpfen zufriedenstellend. In der Hydrokultur zeigte sich das gleiche Ergebnis. Die Bilder auf Seite 52 unten zeigen Petersilie nach 2 Wochen in salzhaltigem Urin bei „normaler" Dosis.
Die Verdünnung des Urins in der Hydrokultur betrug jeweils 1 l Urin auf 44 l Wasser.

Untersuchungsergebnisse für Stangensellerie
Nach 2 Wochen Kultur konnten wir feststellen:
- Der Sellerie im ersten Topf links wurde mit diätsalzhaltigem Urin (doppelte Dosis) gedüngt.
- Der Sellerie im mittleren Topf ist etwas kleiner und wurde mit salzhaltigem Urin (einfache Dosis) gedüngt.
- Der Sellerie im Topf ganz rechts ist gut entwickelt und wurde mit salzhaltigem Urin (doppelte Dosis) gedüngt.

Eine Woche später, also nach insgesamt 3 Wochen Kultur, ist das Ergebnis im allgemeinen homogener, mit einem leichten Vorteil für den Topf 2, der mit diätsalzhaltigem Urin in doppelter Dosis gedüngt wurde (Durch starkes Sonnenlicht beim Fotografieren erscheinen die Blätter z.T. gelb).

Untersuchungsergebnisse für Chinakohl
Nach dreiwöchiger Kultivierung sind diejenigen Kohlköpfe am schönsten, die mit diätsalzhaltigem und salzhaltigem Urin gezogen wurden. Eine Hitzewelle während der Kultur störte die Entwicklung des Chinakohls. Nach 2 Monaten Kultivierung waren nur noch die Köpfe geschlossen, die mit diätsalzhaltigem Urin in doppelter Dosis gedüngt wurden.

Unten: Wirkung der Urindüngung auf Selleriepflanzen. Links mit diätsalzhaltigem Urin gedüngte Pflanze.

Links:
Wirkung der Urindüngung auf Chinakohl-Pflanzen.

4 Auswirkung von Kochsalz auf uringedüngte Pflanzen

Untersuchungsergebnisse für Fenchel und Paprika in Hydrokultur

Sie zeigen zu Beginn der Kultur eine gute Anpassung, aber es war schwierig, die Hydrokultur aufgrund der hohen Außentemperaturen kontinuierlich fortzuführen. Bei der Ernte zeigten die Pflanzen, die mit salzhaltigem und diätsalzhaltigem Urin kultiviert wurden, die beste Entwicklung. Die Temperatur der Hydrokulturlösung erreichte 30°C!

Untersuchungsergebnis für Kartoffeln in 10 l-Töpfen

Am Ende konnten bis zu 1 kg Kartoffeln von den Pflanzen geerntet werden, die mit salzhaltigem Urin gedüngt waren (doppelte Dosis Diätsalz und einfache Dosis mit normalem Salz). Dieses Ergebnis wurde in 2 von insgesamt 35 Töpfen erzielt.

Oben und Mitte links: Entwicklung des Fenchels.

Zwei Fotos Mitte und Mitte rechts:
Paprika nach 10 Tagen Kultur.

Unten links: Wachstumskontrolle bei Urindüngung mit normaler Diätsalzdosis.
Unten rechts: Die mit salzlosem Urin gedüngte Pflanze ist weniger stark gewachsen.

Kartoffeln nach 3 Wochen Anbau. Von links nach rechts: Konventioneller Dünger, Diätsalzgehalt bei doppelter Dosierung, Diätsalzgehalt bei normaler Dosierung, Gehalt an normalem Salz bei doppelter Dosierung, Salzgehalt bei normaler Dosierung, Urin ohne Salz, Blumenerde ohne Düngerzusatz.

Dreimonatige Kultur der Kartoffel „Delicatesse" in 10 l-Töpfen mit 0,5 l Urin auf 10 l Erde	Mittlere Ernte in kg von 1 Pflanze im 10 l-Topf	Leistung in %: mittleres Erntegewicht ./. maximal mögliche Ernte
Boden ohne Düngemittelzusatz	0,4	40%
Salzfreie Urinlösung	0,6	60%
Urinlösung mit 6 g/l Salz	0,7	70%
Urinlösung mit 12 g/l Salz	0,7	70%
Urinlösung mit 6 g/l Diätsalz	0,7	70%
Urinlösung mit 12 g/l Diätsalz	0,8	80%
Boden mit Gartenbau-Dünger	0,7	70%

Tabelle 8: Untersuchungsergebnisse für Kartoffeln. Die maximale Ausbeute betrug 1 kg. Sie wurde in 2 von insgesamt 35 Töpfen erreicht, in einem mit 12 g/l diätsalzhaltigem Urin, in dem anderen mit 6 g/l meersalzhaltigem Urin.
Untersuchungen von Renaud de Looze in der Palmeraie des Alpes im Frühjahr bis Sommer 2017.

Unerwartete Ergebnisse

Weil es in der Gartenbauliteratur allgemein vertreten wird, dachte ich, dass eine Düngung mit ungesalzenem Urin die besten Wachstumsergebnisse bei Kulturpflanzen liefern würde, da jede Natriumaufnahme unterbleibt und die Chloraufnahme auf die im Bewässerungswasser enthaltene Chlorionen reduziert ist. Dies war offenbar nicht der Fall: Pflanzen, die im salzhaltigen Urin aufwuchsen, zeigten eine bessere Entwicklung als die, die im kochsalzlosen Urin angebaut wurden.
Die zweite Hypothese war, dass diätsalzhaltiger Urin wegen des höheren Kaliumgehalts einen positiven Effekt haben würde. Das war der Fall: Der Kalium-Zusatz hat sich sowohl in der Erdkultur als auch in der Hydrokultur hervorragend bewährt: Die schönsten Pflanzen bei den Tests waren diejenigen, die mit diätsalzhaltigem Urin mittlerer Konzentration gedüngt wurden, bei Kartoffeln wurden die höchsten Erträge mit doppelter Salzkonzentration erzielt!
Diese Ergebnisse bestätigen, dass die Urindüngung mit Kalium ergänzt werden muss, lehren uns aber auch, dass ein gewisser Natriumgehalt von Vorteil sein kann. Die Tests haben außerdem bestätigt, dass Urin ein wirksamer Dünger ist und wie ein konventioneller Dünger wirkt: die Pflanzen sind in der Regel sowohl mit un-

	kochsalzfreier Urin	Urin mit Normaldosis Kochsalz	Urin mit doppelter Dosis Kochsalz	Urin mit Normaldosis Diätsalz	Urin mit doppelter Dosis Diätsalz	Referenzkultur mit Standarddünger
Erdbeeren	normal	normal	normal	frühere Reife		normal
Salat	weniger schön	normal	normal	am besten entwickelt	normal	am wenigsten schön entwickelt
Mangold	weniger schön	durchweg gut entwickelt, lockere Struktur und auch mit Diätsalz normal				weniger schön entwickelt
Petersilie	Nach einer Anpassungsphase normal					Kompakter Wuchs
Sellerie	normal	durchweg gut entwickelt, lockere Struktur und auch mit Diätsalz normal				Normal
Chinakohl	weniger schön	durchweg gut entwickelt, lockere Struktur und auch mit Diätsalz normal				am wenigsten schön entwickelt
Fenchel	weniger schön	am besten entwickelt				normal
Paprika	weniger schön	normal	normal	Normal +	normal	sehr schön
Kartoffeln	60%	70%	70%	70%	80%	70%

Tabelle 9: Zusammenfassung der Ergebnisse aus dem Wachstumstests. Untersuchungsergebnisse aus dem Frühjahr und Sommer 2017

serem angerührten Urin als auch mit dem Referenz-Gartenbaudünger gut gewachsen.

Die besten Ergebnisse wurden mit Pflanzen erzielt, die mit diätsalzhaltigem ebenso wie mit meersalzhaltigem Urin gedüngt wurden (siehe Tabelle 9). Im Vergleich zu kochsalzfreiem Urin erklären sich diese Ergebnisse vor allem durch die zusätzliche Aufnahme:

- von Kalium; daher gibt es ein Interesse daran, vermehrt Kaliumquellen wie Kompost, Wurmkompostsaft, Kochwasser, Asche, Stroh, kaliumhaltigen Salze etc. zu nutzen,
- von Natrium, das die Rolle des Kaliums bei einem Mangel an diesem Element oder einer Blockierung im Boden ergänzen kann. Es kann auch positiven Stress erzeugen, der die Bildung von Zucker oder anderen Substanzen begünstigt, die für die Pflanzen oder den Verzehr derselben nützlich sind.

> **Fazit**
> Die Düngung der Pflanzen mit salzhaltigem Urin ist kein Problem. Im Falle eines kochsalzbedingten Gesundheitsproblems kann bzw. sollte normales Kochsalz durch ein natriumarmes Diät-Speisesalz ersetzt werden, bei dem NaCl zum Teil durch KCl ersetzt ist.

	Wassergehalt in g	Mineraliengehalt insgesamt in mg	Anteiliger Kochsalzgehalt in mg	Rel. Kochsalzanteil am Mineraliengehalt %
Artischocken	85	1214	150	12%
Brunnenkresse	94	931	100	11%
Chinakohl	95	679	89	13%
Erdbeeren	90	378	52	14%
Fenchel	92	759	74	10%
Gemüseartischocke	94	941	300	32%
Hokkaidokürbis	95	476	74	16%
Honigmelone	92	421	60	14%
Karotten	90	599	98	16%
Kopfsalat	96	467	59	13%
Koriander	92	1123	120	11%
Löwenzahn	85	1213	220	18%
Mangold	93	941	130	14%
Petersilie	86	2091	590	28%
Radieschen	96	582	98	17%
Rote Bete	87	836	150	18%
Rüben	92	566	110	19%
Sellerie (Knolle)	89	940	200	21%
Stangensellerie	94	680	200	29%
Spinat	91	1295	160	12%
Süßkartoffel	79	817	98	12%
Zwiebeln	90	535	98	18%

Tabelle 10: Salzgehalt von essbaren Pflanzen, die viel Kochsalz enthalten (Angaben pro 100 g Frisch- bzw. Rohgewicht).

	Wassergehalt in g	Mineraliengehalt insgesamt in mg	Anteiliger Kochsalzgehalt in mg	Rel. Kochsalzanteil am Mineraliengehalt %
Süße Früchte	82	449	13	3%
Getreide	16	4011	44	1%
Blattgemüse	90	1016	89	9%
Fruchtgemüse	90	532	21	4%
Blütengemüse	89	997	62	6%
Wurzelgemüse	82	879	62	7%
Stängelgemüse	92	722	50	7%

Tabelle 11: Durchschnittlicher Mineralien- und Salzgehalt von Obst und Gemüse nach Arten (pro 100 g Frischgewicht).
Quelle: Tabelle Ciqual 2016, Nährstoffzusammensetzung von Lebensmitteln der Nationalen Agentur für Lebensmittel, Umwelt und Arbeitssicherheit (ANSES).
Hinweis: Je nach Datenquelle kann der Anteil der Komponenten bei Obst und Gemüse variieren. Dies ist auf den Boden-Einfluss, die Qualität des Bewässerungswassers, die landwirtschaftlichen Praktiken usw. zurückzuführen. Berücksichtigte Mineralien: Stickstoff, Phosphor, Kalium, Magnesium, Kalzium, Chlor, Natrium (Informationen über Schwefel sind in der Ciqual-Tabelle nicht enthalten).
Daten zusammengestellt von Renaud de Looze, August 2017.

4 Auswirkung von Kochsalz auf uringedüngte Pflanzen

5 Urinsammlung im größeren Stil: Welche Pflanzen tolerieren häufigere Uringaben?

Seit Erscheinen der ersten Ausgabe dieses Buches im Juni 2016 wurde ich mehrfach gebeten, herauszufinden, ob es Pflanzen gibt, die einer regelmäßigen Bewässerung mit reinem Urin standhalten können. Diese Frage wurde mir vor allem von Anbietern von Miet-Trockentoiletten gestellt, die bei Umweltveranstaltungen und Festivals Urin sammeln, sowie von Firmen, die öffentliche Toiletten mit Trockentoiletten oder wasserlosen Urinalen ausrüsten.

Die Sammlung

Solange der gesammelte Urin frisch ist, gibt es kein Geruchsproblem, was sich aber nach einigen Stunden bis Tagen in Kontakt mit der Luft ändert: Anbieter von Miet-Trockentoiletten, die Urin sammeln, erhalten am Ende einige Kubikmeter eines übelriechenden Produkts. Einige decken die Urinfässer mit Stroh ab, um Gerüche zu begrenzen, andere vermischen den Urin mit Grünkompost oder Stroh. Bei Sammellösungen wie „Uritonnoir" oder „Uritrottoir" werden trockene pflanzliche Stoffe (Stroh, Holzspäne und Sägemehl) als hochwirksamer Saugkörper und Geruchsverschluss genutzt.

Anwendung zur Produktion pflanzlicher Biomasse

Über den Kompost kann ein Teil des gesammelten Urins recycelt werden. Für die landwirtschaftliche Produktion muss jedoch auch Urin in flüssiger Form gesammelt werden, da er als Dünger in dieser Form schnell von den Pflanzen aufgenommen wird. Ziel dieses Kapitels ist es, einige einfache Lösungen für die ganzjährige Sammlung und Nutzung von Urin aufzuzeigen, um diese wertvolle, nährstoffreiche Flüssigkeit für die Produktion pflanzlicher Biomasse kontinuierlich zu verwenden.

Ausbringung wie tierische Gülle

Abgesehen von dem rechtlichen Problem mit diesem Düngemittel, das weder in der Liste der zulässigen Düngestoffe für den ökologischen

Landbau noch in der Liste der Mineraldünger enthalten ist, kann „reiner" Urin in einer Dosierung von 10 – 30 m³/ha (d.h. 1 – 3 l/m²) in gleicher Weise wie tierische Gülle eingesetzt werden. In der Praxis werden die an die örtlichen Bodenverhältnisse angepassten auszubringenden Mengen in einem spezifischen Düngemittelplan für jede Kultur genau festgelegt. 30 m³ Urin pro Hektar liefern etwa 170 kg organischen Stickstoff, was die zulässige Höchstmenge im ökologischen Landbau ist. Es ist auch die Höchstmenge, die in der konventionellen Landwirtschaft in Wasserschutzgebieten oder in deren Nähe zulässig ist. Die Anwendungszeiträume liegen im Spätsommer und Frühherbst für Winterkulturen wie Weizen, Raps, Gerste usw. sowie für Wiesen, Reben und Obstgärten. Das Frühjahr ist auch eine gute Ausbringungszeit, um für die meisten Kulturen gute Wachstumsbedingungen zu schaffen. Bei einer Ausbringung im Winter besteht die Gefahr einer Grundwasserverschmutzung durch Auswaschung, da in dieser Zeit die Vegetation weitgehend ruht. In unseren Breitengraden besteht zusätzlich die Gefahr, dass der Boden gefroren ist und die Flüssigkeit oberflächlich abläuft. Die Vorschriften für das Ausbringen von Gülle besagen, dass der Boden „saugfähig und aufnahmefähig" sein muss.

In der Tat, führt die Urinausbringung ohne oberirdisch wachsende Biomasse und ein aktives Wurzelsystem anders als in der Wachstumsperiode zu unerwünschten Einträgen von Mineralien in das Grundwasser.

Im weiteren Jahresverlauf kann reiner Urin auf Pflanzenbeete ausgebracht werden, solange der Boden ausreichend feucht ist, z.B. nach 30 mm Regen oder entsprechender Bewässerung.

Welche Pflanzen eignen sich am besten für die häufige Anwendung von gesammeltem Urin?

Allgemein gesagt sind das Pflanzen, die Wasser mit 6 g/l Meersalz, 12 g/l Harnstoff und anderen Mineralien (das ist die Zusammensetzung des Urins) vertragen. Es handelt sich um „robuste" Pflanzen, die in ihrem DNA-Gedächtnis die Möglichkeit des Wachstums in Gegenwart von Meerwasser verankert haben, das viele gemeinsame Merkmale mit Urin hat, insbesondere im Hinblick auf den Gesamt-Salzgehalt. Nach einer Literaturrecherche habe ich eine erste Auswahl dieser Pflanzen getroffen, die für ihre Toleranz gegenüber Abwas-

Links: Der Uritonnoir (Urinal-Trichter) ist ein wasserloses Urinal, das als Sanitärlösung bei Festivals und anderen festlichen Veranstaltungen im Freien eingesetzt wird. Der Uritonnoir wird in Strohballen gestochen und leitet den Urin ab. Das Stroh dient als Schwamm und Geruchsverschluss für bis zu 60 Nutzungen pro Tag und Uritonnoir.

Rechts: Das Uritrottoir ist ein Trockenurinal, das wildes Urinieren in städtischen Gebieten verhindern soll. Urin wird in einem mit pflanzlicher Einstreu gefülltem Behälter gesammelt, so dass Gerüche gebunden werden, solange der Urin die Trockenmasse nicht überflutet. Nach der Sammlung wird das Gemenge in wasserdichten Behältern kompostiert.

Welche Pflanzen tolerieren häufigere Uringaben?

Amarant aus der Familie der Quinoas und Spinatgewächse kommt mit einer Brackwasserbewässerung gut zurecht.

ser und Salzwasserbewässerung bekannt sind.
Unter denjenigen, die häufig für Zierzwecke oder im Gemüsegarten verwendet werden, habe ich ausgewählt: Amarant, Artischocke, Brunnenkresse, Feldsalat, Fenchel, Gemüseartischocke, Gerste, Goji, Hirse, Karotte, Kochbanane, Kohl, Löwenzahn, Mangold, Melone, Ölweide, Oleander, Olivenbaum, Palme, Pastinake, Petersilie, Pfaffenhütchen, Pinie, Portulak, Quinoa, Rettich, Riesenschilfrohr, Rote Bete, Rübe, Salat, Schilf, Sellerie, Sorghum, Spargel, Spinat, Stechpalme, Steckrübe, Süßkartoffel, Tamaris, Tomate, Zuckerrohr, Zypresse, Zwiebel...

Meine Auswahl an urintoleranten Pflanzen

Bei meinen Untersuchungen habe ich mich auf Mangold und Rüben, Schilf und Riesenschilf (Pfahlrohr), die Alge Spirulina und Queller, eine Meerespflanze, die auch Salicornia genannt wird, konzentriert. Ich werde am Ende des Kapitels einige Vorschläge für andere Pflanzen machen, für die weitere Untersuchungen lohnend wären.

Mangold oder Zuckerrübe

Rüben sind ein Gemüse, das im Allgemeinen in Gemüsegärten angebaut wird, es wird oft mit der Landwirtschaft im nahen Stadtumfeld in Verbindung gebracht. Es ist möglich, 120 Tonnen Mangold pro Hektar (12 kg/m^2) durch Ausbringen von 60 m^3/ha Urin (6 l/m^2) zu produzieren, ähnliches gilt für Zuckerrohr oder Futterrüben. Die Ausbringung sollte auf nassem Boden und in mehreren Gaben erfolgen.
Der Grund für das Interesse an dieser Pflanzenfamilie ist ihre vielseitige Verwendbarkeit sowohl als Futtermittel und für den menschlichen Verzehr, als auch für die Herstellung von Biokraftstoffen. Der Anbau kann das ganze Jahr über unter Folie erfolgen, für das offene Feld gibt es Winter- und Sommersorten. Ein Team von vier Forschern führte sehr interessante Experimente zum Wachstum von Mangold und Rüben auf salzhaltigen Böden durch. Mangold, der im Mittelmeerraum angebaut wird, und Zuckerrüben, die an das nördliche Klima angepasst sind, wurden untersucht, um die physiologischen Mechanismen zu verstehen, mit denen es ge-

Bunter Mangold aus unserem Gemüsegarten.

lingt, unter salzigen Bedingungen zu überleben oder zu gedeihen. Die Forscher züchteten 7 Wochen lang Jungpflanzen dieser beiden Arten unter Glas. Ein Teil der Kulturen wurde mit Leitungswasser und der andere Teile mit Salzwasser in vier Konzentrationen bewässert: 25%, 50%, 75% und 100% des Salzgehalts von Meerwasser! Jede Testkultur erhielt eine identische Nährstoffergänzung, um eine ausgewogene Düngung zu erreichen.

Das Ergebnis :

- Beide Pflanzenarten hatten in allen Fällen 100% Überlebenschancen, auch die mit 100% Meerwasser bewässert wurden!
- Ein optimales Wachstum wurde bei Bewässerung mit 25% Meerwassergehalt beobachtet.
- Bei 50%, 75% und 100% Meerwasserkonzentration zeigte sich das Wachstum verlangsamt, wobei die photosynthetische Aktivität jedoch erhalten blieb.

Die Erklärung der Forscher: Um eine Toxizität durch überschüssige Mineralien zu vermeiden, können Mangold und Rüben große Mengen dieser Elemente, insbesondere Natrium und Chlor, in speziellen Hohlräumen ansammeln. Darüber hinaus reduzieren diese beiden Arten ihren Wasserverbrauch, um eine gute Steifigkeit ihrer Blätter, dem Ort der Photosynthese, zu erhalten. Dies ermöglicht es ihnen, abzuwarten und das normale Wachstum dann wieder aufzunehmen, wenn der Salzgehalt gesunken ist [54].

Da es wichtig ist, die Nährstoffressource Urin nicht einfach zu entsorgen, sollte das gesetzliche Hemmnis für die Anwendung irgendwann einfach beseitigt werden. Danach wäre es möglich, mit den Produzenten von Mangold und Rüben eine Einigung über die Düngung ihrer Parzellen mit Urin zu erzielen, insbesondere wenn es um die Biokraftstoffproduktion geht.

Schilfrohr

Schilfrohr hat eine hohe Entgiftungsfähigkeit. In der Vergangenheit wurde dieses Rohrgewächs für viele Zwecke verwendet. Seine Blüten, Blätter und Wurzeln können für die Ernährung von Mensch und Tier (Futter) Anwendung finden. Gemähtes Rohr aus sumpfigen Gebieten wird als Reet bezeichnet. Die jungen Triebe wurden früher sehr geschätzt für die Fütterung von Pferden und Maultieren, die in den Minen arbeiteten. Die Stängel können als Reet für die Dachdeckung

[54] Quelle: Daoud, Salma; Harrouni, Cherif; Huchzermeyer, Bernhard; Koyro, Hans-Werner: Comparison of Salinity Tolerance of Two Related Subspecies of Beta vulgaris: The Sea Beet (Beta vulgaris ssp. Maritima) and Sugar Beet (Beta vulgaris ssp. vulgaris), Biosaline Agriculture and High Salinity Tolerance. [Vergleich der Salzgehaltstoleranz von zwei verwandten Unterarten von Beta vulgaris: Die Meeresrübe (Beta vulgaris ssp. maritima) und die Zuckerrübe (Beta vulgaris ssp. vulgaris), Salzlandwirtschaft und hohe Salzgehaltstoleranz]. Birkhäuser, Januar 2008, S. 115 - 129.

Linkes Bild: Schilfbeet, im Hintergrund sehen wir Pinien, die auf salzigem Boden gedeihen.
Rechtes Bild: Widerstandstest an jungem Schilf in 5%iger Urinlösung.

Ansicht der Pflanzenkläranlage Aquatiris. Es gibt diverse Bauarten von Pflanzenkläranlagen, die gesammelten Urin ökologisch behandeln und in pflanzliche Biomasse umwandeln können.

sowie als Flechtmaterial für Körbe verwendet werden, in gehäckselter Form auch als Mulch im Garten oder als Einstreu für Tiere. Die Stängel finden auch in der Papier-, Kraftstoff-, Biokraftstoff- und sogar in der Kunststoffindustrie Anwendung!

Es ist wohl die widerstandsfähigste Pflanzenart, die auch in Pflanzenkläranlagen zum Einsatz kommt.

Die Abwasserreinigung durch Pflanzen ist ein einfaches und ökologisches System, das traditionelle Systeme wie Klärgruben, Sandfilter und Kleinkläranlagen ersetzt bzw. ergänzt, und eine intelligente Lösung für alle, die nicht an die Abwasser-Kanalisation angeschlossen sind. Pflanzenkläranlagen können Abwasser so weit reinigen, dass das gereinigte Abwasser für die Gartenbewässerung wiederverwendet werden kann. Der Gewinn ist vielfältig: Wasserrecycling ohne kostspielige Behandlungen, außerdem Recycling von Stickstoff und Phosphor aus den Toiletten für den Garten.

Das Abwasser wird in ein erstes, mit Schilf und anderen Pflanzen bepflanztes Becken geleitet, wo die Feststoffe von den Flüssigkeiten getrennt werden. Die Feststoffe werden an der Oberfläche gehalten, kompostiert und von Regenwürmern und Bakterien zersetzt. Gelöste Materialien werden von den reinigenden Bakterien im Sand und Kies behandelt. Manchmal wird ein zweites Becken nachgeschaltet, um die Reinigungsleistung zu steigern [54a].

Schilfrohr und andere Pflanzen haben nicht nur eine Anti-Verstopfungsfunktion, sondern reichern das Substrat auch mit Sauerstoff an und unterstützen die Reinigungswirkung der Bakterien. Es ist außerdem in der Lage, einen Teil der im Abwasser enthaltenen Mineralien aufzunehmen. Es gibt kein stehendes und sichtbares Wasser, wodurch die Entwicklung von Mücken und schlechten Gerüchen verhindert wird. Eine solche Pflanzenkläranlage

bedarf keiner besonderen Wartung, sie hat eine lange Lebensdauer und kann hinsichtlich ihrer Reinigungsleistung auch zertifiziert werden. Die beschriebene Pflanzen-Reinigung eignet sich auch für das kontinuierliche Recycling von fermentierbaren organischen Abfällen, die 30-fach durch Toilettenspülung, Küchen- und Badezimmerwasser verdünnt werden. Es geht vor allem darum, die organische Kohlenstoffbelastung zu reduzieren, die beim Abbau in der Umwelt ohne vorherige Behandlung für einen hohen Sauerstoffverbrauch verantwortlich ist.

Wenn der gesamte gesammelte Urin in pflanzliche Biomasse umgewandelt werden soll, ist es allerdings notwendig, entweder die Oberfläche des Schilfbeetes zu vergrößern oder eine 2. Reinigungsstufe zu integrieren, um alle Mineralien zu verbrauchen. Schilfrohr kann 2 Tage in Wasser mit 50% Urinanteil überleben. Um richtig wachsen und Urin aufnehmen zu können, muss die Verdünnung etwa 5% betragen (d.h. 20fach verdünnen). Auf jeden Fall sollte die Konzentration 10% Urin nicht überschreiten (= 10fach verdünnen). Dazu muss Wasser – auch Brackwasser – möglicherweise mit Regenwasser verdünnt werden, das von den Dächern gesammelt werden kann. Es ist notwendig, einen Teil des Blattwerks regelmäßig zu schneiden, um das Schilf zu regenerieren, da die jungen Blätter am aktivsten sind.

Unter diesen Bedingungen können durch Einbringen von 50 m^3 Urin pro Hektar bei 100% Recycling 120 Tonnen Biomasse je ha hergestellt werden, bezogen auf das Frischgewicht der pflanzlichen Biomasse, d.h. 12 kg/m^2 Schilf durch Recycling und Düngung mit 5 l/m^2 Urin.

Es sollten zwei Systeme miteinander kombiniert werden: Dazu wird ein gegen umgebendes Erdreich abgedichtetes, mit Schilfrohr bepflanztes Reinigungsbeet mit einer nachgeschalteten Kultur gekoppelt, die den Reststickstoff und den Phosphor verbraucht. Die vorzusehende Fläche lässt sich etwa folgendermaßen abschätzen:

- Für Kleinanlagen: 300 bis 400 m^2 bei nicht-intensiver Kultur oder 150 bis 200 m^2 bei intensiver Kultur, um die 500 bis 600 l Urin, die pro Person jährlich anfallen, zu recyceln (siehe Seite 72ff., Kapitel 6).
- Für große Anlagen: 1 ha normale Kulturfläche für 30 m^3 Urin, bzw. 1 ha Fläche für 60 m^3 Urin bei Starkzehrern wie Mangold oder Rote Bete.

Auch andere Pflanzen als Schilf sollten ggf. noch auf ihr Reinigungsvermögen bei belasteten Abwässern untersucht werden.

Riesenschilf (Pfahlrohr)

Unter den Pflanzen, die ich auf ihre Schadstofftoleranz und -aufnahmefähigkeit untersucht habe, ist mein Favorit das Riesenschilf, auch provenzalisches Pfahlrohr genannt. Es hat mehrere Stärken: es ist beständig gegen Trockenheit, Überschwemmung, Hitze, Kälte bis -10°C, Abwasser oder Salzwasser. Es wurden versuchsweise auch neue organische Zuschlagstoffe wie Biokohle daraus hergestellt, eine Art Aktivkohle, die sich zusätzlich zum Kompost zur Bodenverbesserung eignet. Das Riesenschilf kann nicht nur als Tierfutter und Rohstoff für die Produktion von Biokraftstoffen verwendet werden, sondern auch um Rohrstöcke und Stroh zum Mulchen herzustellen. Vor allem, es wächst schnell! In den Tropen sind drei Ernten pro Jahr möglich. Es ist robust, so dass kaum Gefahr durch Krankheiten und Schädlinge droht. Es vermehrt sich durch Ausbreitung der Wurzeln und sät sich nicht aus. Das Riesenschilf zeigt ein kräftiges Wachstum,

[54a] Beim „französischen System" der Pflanzenkläranlagen fließt das rohe Abwasser ins Schilfbeet, die Feststoffe werden kompostiert. Das „deutsche System" hingegen verwendet meistens eine Absetzgrube vor dem Becken mit Pflanzen, um die Feststoffe abzutrennen, die dann als Klärschlamm entsorgt werden müssen.

Welche Pflanzen tolerieren häufigere Uringaben?

und die Tatsache, dass es nicht immer wieder neu gepflanzt werden muss, ermöglicht den Anbau ohne eine Beeinträchtigung der lokalen Ökosysteme.

Da diese Pflanze nicht für den menschlichen Verzehr bestimmt ist und die Fähigkeit besitzt, dort zu wachsen, wo Nahrungspflanzen schlechte Ergebnisse liefern würden, sollte sie eine gewisse Zukunft haben.

Untersuchungen im Sommer 2017 in meinem Treibhaus in der Palmeraie des Alpes: 1 m^2 sachgerecht bewässertes Riesenschilf, das gelegentlich mit Urin gedüngt wurde, brachte am Ende des Sommers eine oberirdische Biomasse von 7 kg Frischgewicht (45% Blattmasse und 55% Stammgewicht). Dieses Ergebnis, auf einen Hektar hochgerechnet, ergibt 70 Tonnen Biomasse innerhalb von 4 Monaten Kulturzeit. Die Versuche zeigten, dass 1 m^2 Riesenschilf bei feuchtem Boden 0,5 l Urin aufnehmen konnte, ohne dass eine Wachstumsschwäche auftrat. Im Gegenteil, die so behandelte Pflanze wuchs viel besser als eine Kontrollpflanze, die außer Wasser keinen Dünger erhielt. Um das Risiko einer Verschmutzung durch Auswaschung zu vermeiden, wurden diese Tests auf wasserundurchlässigem Boden durchgeführt. Um unangenehme Geruchsemissionen zu vermeiden, hatte ich der Kulturerde Zeolith zugesetzt, ein zerkleinertes Vulkangestein mit bemerkenswerten geruchshemmenden und im Hinblick auf die Nährstoffversorgung ausgleichenden Eigenschaften.

Es wäre interessant, diesen Test über einen längeren Zeitraum durchzuführen, um die Gesamtmenge an reinem Urin zu ermitteln, die auf einer Parzelle mit Riesenschilf ausgebracht werden kann. Im Moment kann man angesichts der in der europäischen Agrarliteratur beschriebenen Untersuchungen feststellen, dass Riesenschilf auf 1 ha Fläche durch Recycling von 29 m^3 reinem Urin 70 Tonnen Biomasse produziert. In den tropischen Gebieten kann die Produktivität noch höher ausfallen, aber dafür liegen bisher keine verifizierten Daten vor.

Spirulina

Die Spirulina-Alge ist eine Blaualge mit unglaublichen Eigenschaften, angesiedelt zwischen dem Pflanzenreich und dem Bakterienreich. Es handelt sich um eine halophile und nitrophile Alge, d.h. sie mag („phil") Salz („halo") und Stickstoff („nitro"). Diese Eigenschaften machen sie zu einem Organismus, der in Teichen oder Becken mit alkalischem Niveau wachsen kann. Spirulina wächst überall dort, wo Konkurrenzpflanzen oder Rauborganismen fehlen. Für den Anbau sind keinerlei Pflanzenschutzmittel erforderlich. Im Sommer ist regelmäßige Betreuung notwendig, um flüssigen Dünger zuzuführen und Algen zu ernten. Die Alge verbraucht

Enormes Wachstum von Riesenschilf-Pflanzen (Pfahlrohr), die in 15 l-Kulturgefäßen regelmäßig mit 10 cl reinem Urin bewässert wurden.

wenig Wasser, aber der Wasserstand in den Becken muss konstant gehalten werden, um die Wasserverdunstung auszugleichen. Die Becken haben normalerweise eine Wassertiefe von 30 cm. Nach der Ernte sollten die Algen rasch – frisch oder getrocknet – verzehrt werden, da sie aufgrund der Zusammensetzung aus Stickstoff, Kohlenstoff und Wasser sehr schnell verderben. Getrocknet behält die Alge die meisten ihrer guten Eigenschaften.

Die nachgewiesenen Vorteile als Lebensmittel und im Hinblick auf die Ökologie sind zahlreich: Entwässert besteht bis zu 57% ihres Gewichts aus Proteinen [55]. Es ist eines der Lebensmittel, das die meisten Proteine enthält, fast doppelt so viel wie Luzerne, die wegen ihres hohen Proteingehalts angebaut wird. Aufgrund der ernährungsphysiologischen Eigenschaften eignet sie sich besonders für unterernährte Menschen und Kinder, aber auch als Nahrungsergänzungsmittel für Sportler*innen.

Spirulina wird in der Medizin verwendet, um gesundheitliche Probleme wie Bluthochdruck und Diabetes zu lindern, sie entgiftet den Körper und stimuliert das Immunsystem. Sie wird außerdem verwendet, um Allergien, Herpes, Blutarmut usw. zu bekämpfen.

Spirulina schont die Wasserressourcen und die landwirtschaftlichen Nutzflächen: Für den Anbau wird kein Trinkwasser benötigt, sondern Brackwasser, das für traditionelle Kulturen ungeeignet ist. Sie wird in Teichen angebaut, die in trockenen Gebieten angelegt werden können, in denen sonst nichts wächst. Sind die Teiche abgedichtet, ist ihre Kultur sauber und schadstofffrei.

Der Anbau von Spirulina gilt als echte CO_2-Senke. Bei gleicher Oberfläche ist sie produktiver als ein Wald- oder Maisanbaugebiet, wandelt CO_2 aus der Luft durch Photosynthese in eine große Menge essbarer Biomasse um und erzeugt Sauerstoff.

Einige verwenden Spirulina als Düngemittel, um die Qualität der Früchte zu verbessern, andere verwenden es als Proteinquelle in Aquakulturen oder in der Fischzucht. Aufgrund ihres Entgiftungsvermögens wird sie bereits zur Abwasserbehandlung genutzt. Darüber hinaus kann sie Harnstoff [56] direkt aufnehmen!

Es wäre ein kühner Vorschlag, Spirulina für den menschlichen Verzehr mit Urin zu düngen. Auf der anderen Seite wäre die Herstellung von Tierfutter oder organischem Dünger ein weiter zu erforschender Weg. Es wird sich zeigen, dass diese Pflanze besonders geeignet ist.

1 kg getrocknete Spirulina enthält Wasser, Proteine und Hauptmineralien [57] in folgenden Mengen:

- 47 g Wasser (trockene Spirulina!);
- 575 g Protein, darin 92 g Stickstoff;
- 14 g Kalium;
- 27 g Natriumchlorid;
- 4 g Mineralien: insbesondere Phosphor, Magnesium und Kalzium.

Die Zusammensetzung ist damit dem Urin sehr ähnlich, nämlich reich an Stickstoff, Natriumchlorid und Kalium. 1 kg getrocknete Spirulina enthält das Stickstoffäquivalent von 15 l Urin (siehe S. 66: „Für diejenigen, die Rechnungen mögen"). Jean-Paul Jourdan (s.u.), Spezialist für Spirulina, schlägt die Zufuhr von 17 l Urin vor, um 1 kg Spirulina zu produzieren. Egal, ob nun 15 l oder 17 l pro kg zutreffender sind, beide Richtwerte liegen nah beieinander.

Zahlreiche Untersuchungen von Forschern und Spirulina-Herstellern haben die Fähigkeit von Spirulina bewiesen, zu wachsen, indem man sie mit Urin füttert, ergänzt um eine Zugabe von Eisen in assimilierbarer Form. Die praktische Umsetzung geht etwa

[55] Quelle: Tabelle Ciqual 2016 (…), ANSES, a.a.O.

[56] Quelle: Nach Angaben von Gállego José T.: Cómo Cura la espirulina. Integral, Barcelona, 2012.

[57] Quelle: Table Ciqual 2016 (…), ANSES, a.a.O.

Für diejenigen, die Berechnungen mögen ...

1 kg getrocknete Spirulina enthält 90 bis 100 g Stickstoff, der aus 15 bis 17 l Urin stammt (= 6 g Stickstoff pro Liter Urin × 15 oder 17).
1 m^2 Kultur produziert täglich 40 g frische Spirulina, d.h. 8 g getrocknete Spirulina pro Tag. Während einer 4-monatigen Kultur bei heißem Wetter produziert 1 m^2 1 kg Spirulina (getrocknet) pro Jahr (= 4 Monate × 30 Tage × 8 g).
1 m^2 Kulturfläche bringt somit 1 kg Ernte (getrocknet), unter Einsatz von 15 bis 17 l Urin.
Bezogen auf 1 ha können also 150 bis 170 Tonnen Urin pro Jahr recycelt werden. Das ist beachtlich!

Diese Zahl sollte mit einem unserer früheren Wachstumsfavoriten aus dem Landanbau verglichen werden, nämlich dem Mangold: 120 Tonnen Mangold pro Hektar (12 kg/m^2) durch Recycling von 60 m^3 Urin (6 l/m^2). Es besteht daher ein dreifacher Zusammenhang zwischen der Fähigkeit dieses „halb tierischen, halb pflanzlichen" Organismus, Urin zu recyceln, und einer klassisch terrestrischen Pflanzenart, die eine außergewöhnliche Widerstandsfähigkeit gegenüber Urin aufweist.

---

[58] Jourdan, Jean-Paul: Cultivez votre spiruline. Antenna Technologie, Genf, 2006.

folgendermaßen: ein für die Entwicklung dieser Algen geeignetes Nährmedium ansetzen, Spirulina hinzufügen und nach der Wachstumsphase sehr regelmäßig abschöpfen. 17 l reiner Urin im Becken reicht für die Produktion von 1 kg (nach dem Trocknen gewogen) Spirulina.

Für diejenigen, die mehr wissen möchten, hat Jean-Paul Jourdan sein Buch „Cultivez votre spiruline"[58] online veröffentlicht. Geben Sie in einer Suchmaschine einfach seinen Namen ein, um auf das Buch zuzugreifen.
Es gibt auch ein Rezept für die Herstellung eines natürlichen Kulturmediums auf der Basis von Urin, Asche, Knochen, Nägeln (für die Eisenversorgung) und Meersalz.

Queller – das Glaskraut Salicornia

Queller oder Salicornia ist eine Landpflanze aus der Familie der *Chenopodiaceae* oder *Amaranthaceae*. Sie wird am Meer oder in Salzwiesen sowie in den alten Salzminen Lothringens oder im Jura gefunden. Sie kann unter extremen Salzbedingungen wachsen und wurde lange Zeit zur Extraktion von Soda (Natriumcarbonat) verwendet, das zur Herstellung von Glas benötigt wird. Als Lebensmittel ist Salicornia auch unter dem Namen Queller oder Meeresspargel bekannt.

Für diejenigen, die Berechnungen mögen ...

Auf 1 m^2 Fläche kann unter guten Bedingungen 3 kg frischer Queller pro Jahr produziert werden.
1 m^2 Kultur kann daher 3 g Stickstoff verbrauchen, entsprechend 0,5 l Urin. Bezogen auf 1 ha ergibt dies 5 Tonnen recycelten Urin pro Jahr. Dies ist im Verhältnis zu den angestrebten Zielen nicht ausreichend.

Salztolerante stickstoffzehrende Pflanzen	Ernte in mitteleuropäischem Klima in to/ha	Stickstoffgehalt		Recycelbare Urinmenge in m³/ha
Spirulina	10	Trockenmasse (TM)	10% der TM	167
Mangold	120	Frischmasse	3 g/kg Frischgewicht	60
Riesenschilf, Pfahlrohr	70	Frischmasse	2,5 g/kg Frischgewicht	29
Schilf	120	Frischmasse	2,5 g/kg Frischgewicht	50
Queller/Salicornia	30	Frischmasse	1 g/kg Frischgewicht	5

Queller wird bereits angebaut, um Abwässer aus der Salzgewinnung zu behandeln und zu recyceln. Der Ertrag liegt in der Größenordnung von 3 kg frische Pflanzenmasse pro Quadratmeter. 1 kg frisches Salicornia enthält 1 g Stickstoff (vgl. Tabelle 12). 1 kg frischer Queller enthält Wasser, Proteine und Hauptmineralien [59] in folgenden Mengen:

- 922 g Wasser (frischer Queller);
- 6,7 g Protein, davon 1 g Stickstoff;
- 1,2 g Kalium;
- 26 g Natriumchlorid;
- 0,1 g Hauptmineralien: Phosphor, Magnesium und Calcium.

In Tabelle 12 sind einige Ergebnisse über die Fähigkeit von Pflanzen zusammengefasst, gesammelten Urin zu recyceln, die ich im Sommer 2017 bestimmen konnte.

Andere Pflanzen,

die auf Widerstands- und Entwicklungsfähigkeit in Salz- und Stickstoffmilieu untersucht wurden. Erinnern wir uns an die gestellten Fragen:

- Welche Pflanzen widerstehen der Anwendung von reinem Urin und im Vergleich dazu von Wasser, das 6 g Meersalz, 12 g/l Harnstoff und anderen Mineralien enthält?
- Wie kann man Umweltrisiken vermeiden?
- Ist es eine ausgewogene Düngung gewährleistet? Müssen wir weitere Stoffe zusetzen?

Zuerst habe ich Landpflanzen identifiziert, die am Meer, in der Nähe von Salinen und Brackwassermooren wachsen könnten, und mehr als 1000 halophile Pflanzen aufgelistet, die hohe Mineralstoffeinträge vertragen. Um das Risiko einer Verschmutzung durch Stickstoff- und Phosphor-

Tabelle 12: Recycelbare Urinmengen für die Düngung von Spirulina, Mangold, Schilf, Riesenschilf und Queller.
Zahlen zusammengestellt von Renaud de Looze im August 2017. Einige Zahlen können in heißen Klimazonen oder im Gewächshausanbau nach oben korrigiert werden.

[59] Quelle: Tabelle Ciqual 2016 (...), ANSES

Pflanzen, die am Meer wachsen. Links ein Gras, rechts ein blühender Feigenbaum am Meer.

Welche Pflanzen tolerieren häufigere Uringaben?

Pflanzen, die eine beträchtliche Menge an Biomasse am Meer entwickeln: Das linke Bild zeigt eine Schirmpinie, das rechte den breitblättrigen Klebalant (Dittrichia viscosa).

Bild links: Die Tamariske ist beständig gegen Meersalz und Gischt, aber wenig beständig bei wiederholtem Düngen mit reinem Urin. Aus diesem Grund steht sie – trotz der hohen Widerstandsfähigkeit – nicht auf der Liste der Pflanzen, die z.B. an einem Sammelurinal eingesetzt werden sollen. Nach drei Anwendungen von reinem Urin ist ein Urinschaden am Laub der rechten Pflanze zu erkennen.
Bild oben: Tests auf Resistenz gegen die tägliche Anwendung von reinem Urin an halophilen Pflanzen, die in Töpfen auf wasserfestem feuchten Boden wachsen.

[60] Quelle: Quinn, Lauren D.; Straker, Kaitlin C.; Guo Jia, Kim S.; Thapa, Shantanu; Kling, Gary; Lee D.K.; Voigt, Thomas B.: „Stress-Tolerant Feedstocks for Sustainable Bioenergy Production." in „Marginal Land", BioEnergy Research, Springer US, September 2015, Vol. 8, No. 3, p. 1081 - 1100.

auswaschung zu vermeiden, habe ich Pflanzen ausgewählt, die schnell wachsen bzw. von denen einige das ganze Jahr über wachsen. Die erzeugte Biomasse sollte so schnell wie möglich extrahiert werden, um junges und aktives Laub zu erhalten. Diese Pflanzen können außerhalb des menschlichen Verzehrs verwendet werden: für Zierzwecke, als Tierfutter, in der Textilverarbeitung, zur Lieferung von Brenn- oder Bauholz, als Mulchmaterial, als Ersatzstoffe für die Biokraftstoffproduktion usw.

Anmerkung: Ich habe Chinaschilf (*Miscanthus*) nicht in diese Liste aufgenommen, da es bereits angebaut wird, um Mulch und Kraftstoff zu produzieren. Es wächst schnell und kräftig, aber die Toleranz gegenüber Salz ist nicht besonders hoch [60].

Pflanzen, die Uringaben bei zusätzlicher Bewässerung gut vertragen

Lateinischer Pflanzenname	deutscher Pflanzenname	Blattwerk	Winterhärte	Meerwasserverträglichkeit
Beta vulgaris	Mangold, Rote Bete	zweijährig	+	100%
Phragmites australis	Schilf	mehrjährige Gräser	+	70%
Arundo donax	Riesenschilf (Pfahlrohr)	mehrjährige Gräser	+	40%
Spartina pectinata	Goldleistengras	mehrjährige Gräser	++	40%
Andropogon gerardii	Bartgras	mehrjährige Gräser	++	30%
Panicum virgatum	Rutenhirse	mehrjährige Gräser	++	20%
Pinus pinea	Pinie, Schirmkiefer	immergrün	+	20%
Robinia pseudoacacia	Robinie	laubabwerfend	++	20%
Phoenix canariensis	Kanarische Dattelpalme	immergrün	–	20%
Washingtonia filifera	Washington Palme	immergrün	–	20%
Ficus carica	Echte Feige	laubabwerfend	+	20%
Elaeagnus angustifolia	Schmalblättrige Ölweide	laubabwerfend	++	16%
Olea europaea	Olivenbaum	immergrün	–+	16%
Nerium oleander	Oleander	immergrün	–+	16%
Euonymus japonicus	Japan. Spindelstrauch	immergrün	+	16%
Cupressus sempervirens	Zypresse	immergrün	+	16%
Chamaerops humilis	Zwergpalme	immergrün	–+	16%
Carex sp.	Seggen	immergrün	+	16%
Magnolia grandiflora	Magnolie	immergrün	+	14%
Liquidambar styraciflua	Amerikan- Amberbaum	laubabwerfend	++	14%
Punica granatum	Granatapfel	laubabwerfend	+	14%
Trachycarpus fortunei	Chinesische Hanfpalme	immergrün	+	6%

Ausbalancieren des Kulturmediums für die Pflanzen

Um ein günstiges, strukturell und biologisch ausgewogenes Biotop zu schaffen, müssen große Mengen von reifem Kompost aus Grünabfällen oder Stroh in den Boden eingearbeitet werden. Gehäckseltes Laub-Schwachholz (BRF) kann ebenfalls eine interessante Lösung sein. In Kapitel 3 (Seite 41ff.) wird von Jean-Paul Lang eine Experiment mit Laubholzhäcksel beschrieben.

Vulkanische Materialien wie Puzzolan oder Zeolith haben ebenfalls gezeigt, dass sie den Boden belüften und Gerüche deutlich reduzieren können. Insbesondere Zeolith wurde bereits zwei Jahre lang am Pariser Urinal „Vespalith" („Vespasienne" = öffentliches Urinal, „Lith" = steinbasiert) getestet. Das Urinal wurde vom Think Tank PlanetWatch 24 unter dem Namen GreenPee® entwickelt und in Paris gegenüber dem Gare de l'Est als Demonstration im Rahmen von COP21 installiert. Vom Sommer 2015 bis Sommer 2017 wurde dieses Urinal

Tabelle 13: Pflanzen, die Uringaben bei zusätzlicher Bewässerung gut vertragen. Meerwasser enthält 30 g Salz pro Liter.
Daten zusammengestellt von Renaud de Looze, Sommer 2017.

Der Oleander verträgt bei feuchtem Boden die Aufnahme von reinem Urin.

mehr als 60 000 mal benutzt, ohne den Einsatz von Trinkwasser und ohne größere Eingriffe, mit Ausnahme der routinemäßigen Wartung, und ohne dass unangenehme Geruchsbelästigungen festzustellen waren. Ecosec in Montpellier ist ein weiterer neuer Akteur, der sich auf das Recycling von Urin „wie er anfällt" spezialisiert hat, um dringende Bedürfnisse in Städten zu erfüllen.

Schlussfolgerungen

Also, Stickstoff ist ein teurer Einsatzstoff in der Landwirtschaft, der auch für Geruchs- und Umweltbelastungen verantwortlich ist. Wir haben gesehen, dass es möglich ist, sehr große Mengen Stickstoff aus gesammeltem Urin zu recyceln, indem man ihn in Biomasse umwandelt, die dann wiederum auf verschiedene Arten verwertet werden kann.

Einige Pflanzenarten haben die Erinnerung an das Leben im Meer bewahrt und begnügen sich bei ihrem Wasserbedarf auch mit Brackwasser, so dass auch hier Urin zur Düngung genügt. Es gibt hunderttausende Hektar Land, die für den Anbau traditioneller Nahrungspflanzen ungeeignet sind und auf diese Weise genutzt werden könnten.

Die Idee, Urin öffentlich zu sammeln und diese nährstoffreiche Flüssigkeit anschließend wiederzuverwerten, ist ein echtes Zukunftskonzept. Nach der derzeitigen Gesetzeslage ist dies allein aufgrund der internationalen WHO-Richtlinie von 2012 möglich. Sie sieht die Verwendung von Urin zur Produktion von Lebensmitteln zum menschlichen Verzehr vor. In Schweden und Dänemark ist es lediglich erlaubt, Urin auf Feldern auszubringen, die nicht für die Produktion von menschlichen Lebensmitteln bestimmt sind. In der Schweiz ist der aus Urin hergestellte Dünger „Aurin" der Firma Vuna für alle Pflanzen, inklusive essbaren Pflanzen zugelassen. In Frankreich und Deutschland ist die Anwendung von Humanurin nicht ausdrücklich in den Vorschriften geregelt. Es gibt eine gewisse Praxis, die auf die Verarbeitung von Materialien aus der Abwasserentsorgung ausgedehnt werden könnte [61].

Im Juni 2016 wurde an der École des Ponts ParisTech eine innovative Initiative ergriffen, um über ein Trocken-Urinal für Männer Urin an der Quelle zu sammeln. Im Keller unter einem Parkplatz wurde ein 350 l-Tank aufgestellt. Der geerntete Urin wurde analysiert und gelagert, um ihn als natürliches Düngemittel für die Landwirtschaft zu recyceln. Die agronomische Verwertung ist Gegenstand einer wissenschaftlichen Begleitung in Zusammenarbeit mit dem INRA (französisches Landwirtschafts-Forschungsinstitut).

Es bleibt die Aufgabe, die Verbindung zwischen den Erzeugern – Sie und ich – und den Anwendern – den Gärtner*innen und Landwirt*innen,

[61] Quelle: Persönliche Mitteilung von Fabien Esculier, Forscher an der École des Ponts ParisTech, verantwortlich für das OCAPI-Programm.

die Dünger brauchen – herzustellen, um nahrhafte Lebens- oder Futtermittel oder auch Biokraftstoffe zu gewinnen.

Das Potenzial ist einfach riesig: Jede*r von uns produziert jeden Tag mindestens 1,5 Liter Urin, und wir sind ungefähr 7 Milliarden Menschen auf der Erde...

Wir sollten nicht vergessen, dass Urin, der heute als Abfall betrachtet wird, 50% der Kosten der Abwasserbehandlung in Industrieländern ausmacht – was sowohl eine ökologische Belastung darstellt als auch eine ökonomische Verschwendung ist.

Zum Abschluss dieses Kapitels möchte ich noch erwähnen, dass der Phosphor, der ebenfalls im Urin enthalten ist, eine große Rolle bei der Eutrophierung von Flüssen und Flussmündungen spielt. Dieses Element in einer von Pflanzen assimilierbaren Form ist für die landwirtschaftliche Produktion unverzichtbar, wobei die Rohstoffvorkommen auf der Erde begrenzt sind. Die Verschwendung von Phosphor ist daher ein doppelter Fehler, denn er ist sowohl für das Pflanzenwachstum als auch für das Tierleben unverzichtbar. Diese Ressource wird für unsere Kinder von entscheidender Bedeutung sein.

Das Urinal Vespalith wurde in Paris getestet. Die Urinale (oben) sammeln die Flüssigkeit, die durch einen mit Kompost gefüllten Filter geleitet wird und anschließend in die Zeolith-Schicht (unten) gelangt.

Test des Urinals Vespalith in Paris. Pflanzen, die hinter dem Urinal gepflanzt wurden, entwickelten sich dank der Aufnahme von Mineralien aus dem Urinal.

Welche Pflanzen tolerieren häufigere Uringaben?

6 Auf dem Weg zur Ernährungs-Autonomie

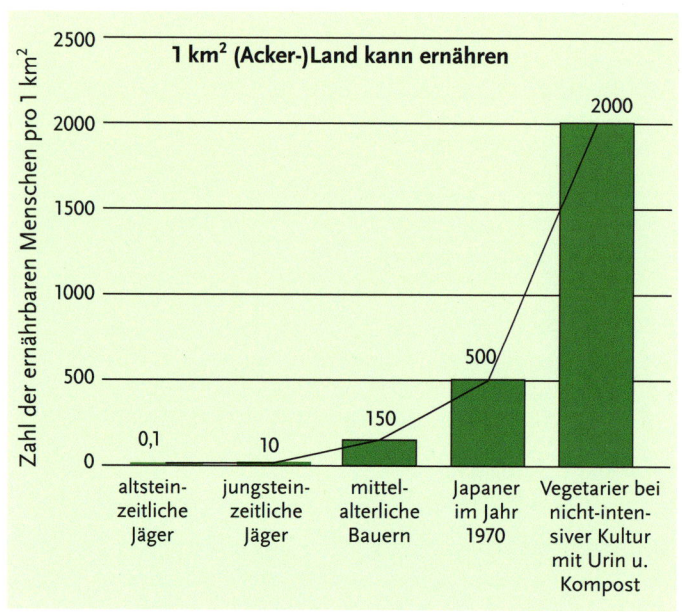

Erhöhung der Nahrungsmittelproduktion auf 1 km²

Es ist lange her, als 10 km² Land einen altsteinzeitlichen Jäger ernährten. Die Zahl der Menschen wächst ständig bei begrenzter Fläche.

Die Grafik wurde entnommen aus „Agricultural Productivity in Relation to Population" in Clarke Colin, „Man and his Future", Gordon Wolstenholme, J. & A. Churchill Ltd., London

Flächenbedarf für die vegetarische Ernährungsautonomie

Die im Folgenden genannten Zahlen beruhen auf der Annahme einer ausgewogenen vegetarischen Ernährung eines durchschnittlichen erwachsenen, aktiven und gesunden Menschen mit 2.000 kcal pro Tag, in der alle essentiellen Nährstoffen enthalten sind. Es wird eine nicht intensive Anbaumethode angenommen mit parzellenweisem Fruchtwechsel und mit 2 oder 3 Ernten pro Jahr, soweit möglich. Mit Hilfe eines 50 m² großen Tunnel-Gewächshauses werden Pestizid-Behandlungen vermieden und die Kulturdauer verlängert. Das folgende Modell liefert eine Nahrungsmittelbilanz, die durch externe Ressourcen wie Bienenzucht, Grünflächen für Milchprodukte, Angeln, Jagen oder Sammeln ergänzt werden kann:

- *Getreide* (Weizen oder Reis, Lein, Gerste, Mais): 150 m² (Weizen kann durch Kartoffeln ersetzt werden. In diesem Fall fällt die Fläche etwas kleiner aus, da die Kartoffel höhere Energieerträge pro Quadratmeter aufweist);
- *Getreide für die Ernährung* von 1,5 Legehennen oder 2 Zwerghennen (1,6 Eier [62] pro Tag): 100 m²;
- *Ölsaaten* (Sonnenblumen, Raps): 60 m²;
- *Früchte* (schwarze und rote Johannisbeeren, Himbeeren, Erdbeeren, Trauben, Pfirsiche, Birnen, Äpfel, Pflaumen): 10 m²;
- *Gemüse* im Tunnelgewächshaus (Kopfsalat, Petersilie, Spinat, Knoblauch, Kartoffeln, Karotten, Schnittlauch, Sellerie, Kohl, Tomaten, Zucchini, Auberginen, Bohnen, Linsen): 40 m².

Dies ergibt insgesamt 370 m² Nutzfläche (mit Erschließung insgesamt 500 m²). Das bedeutet, dass ein*e Vegetarier*in im Mittel den Ertrag von 1 m² Pflanzenanbau pro Tag verbraucht [63].

Dabei handelt es sich um Durchschnittswerte, da der agronomische oder ernährungstechnische Nutzen nicht für alle Flächen gleich groß ist. So gilt z.B.: 1 m² Weizen liefert 600 g Getreide in 6 Monaten, auf 1 m² Kartoffelacker wachsen 5 kg Knollen in 4 Monaten und 1 m² Gemüsegarten liefert 3 kg Salate in 2 Monaten.

Unter diesen Annahmen können wir die für die Ernährung notwendigen Anbauflächen zur autonomen Versorgung von Vegetarier*innen [64] berechnen, sofern der Boden durch Recycling von Urin und Kompost gedüngt wird:

- 500 m² für die komplette Ernährung von einer Person [65];
- 1.000 m² für 2 Personen;
- 1 ha für 20 Personen;
- 1 km² für 2.000 Einwohner (die Bevölkerungsdichte lag im Jahr 2015 in Frankreich bei 118 Einwohner/km², in Deutschland betrug sie 2017 237 Einwohner/km²).

Autonomie ohne Umweltverschmutzung

Die Gesamtfläche von 500 m² pro Person, einschließlich der Erschließung, entspricht 370 m² tatsächlich kultivierter Fläche, wovon 60 m² durch den Kot der Legehennen gedüngt werden. Somit verbleiben 310 m² Kulturfläche für die Ausbringung von 500 Liter Urin pro Person und Jahr, d.h. 1 bis 2 Liter Urin pro Quadratmeter Anbaufläche. Dies ist eine für die Bodenfauna ungiftige Menge, die umweltfreundlich im Hinblick auf den Grundwasserbelastung ist und von der Mineralienzufuhr für den nichtintensiven Nahrungspflanzenanbau ausreicht.

Auf einer kleineren, entsprechend mit 1 - 5 l Kompost pro m² vorbereiteten Fläche können 3 l/m² Urin ausgebracht werden. Eine Dosis von 4 bis 5 l/m² ist möglich für starkzehrende Pflanzen im Intensivanbau, wenn sie unter Folie von einem/einer erfahrenen Gärtner*in angewendet wird.

[62] 1,5 Eier pro Tag und pro Person enthalten essentielle Elemente, die in einer rein pflanzlichen Ernährung fehlen würden. Hühner produzieren Kot, der für ihre Nahrung recycelt werden kann. Sie ernähren sich auch von unseren Abfällen.

[63] Ein Pferd braucht dagegen 25 m² Weidefläche pro Tag ... insgesamt!

[64] Ausgewogene Ernährung mit 2.000 kcal pro Tag und allen wichtigen Nährstoffen.

[65] Siehe Seiten 72 - 74.

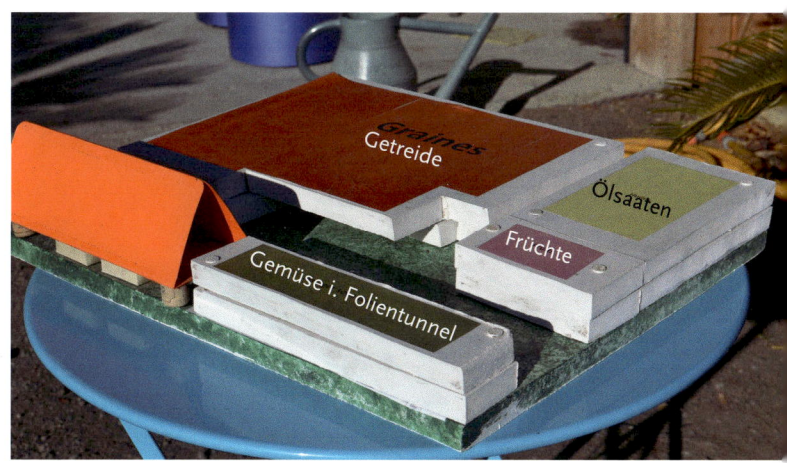

Anschauungsmodell der verschiedenen Anbauflächen, angefertigt von Justine Perrin, Praktikantin am IUT für Chemie in Grenoble, im Juni 2015 in der Palmeraie des Alpes.

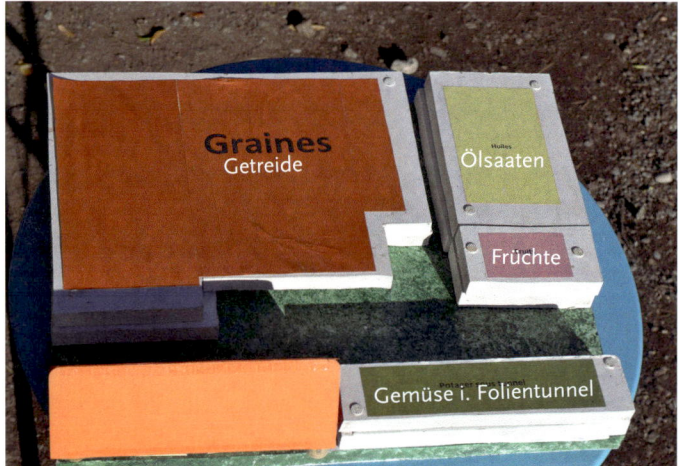

Anbauflächen-Modell für Familien, die sich vegetarisch ernähren und Eier essen.

Mengenmodell der essentiellen Nährstoffe, die von Pflanzen und Eiern eingebracht werden.

Modell der Anbauflächen, die für die Produktion unserer Nahrung als auch für die Ernährung der Legehennen gebraucht werden.

Gemüseproduktion für eine nicht-vegetarische Ernährung

Bei nicht-vegetarischer Ernährung empfehlen Ernährungswissenschaftler den Verzehr von 800 g Obst und Gemüse pro Tag und Person entsprechend 300 kg pro Person und Jahr. Diese Empfehlung ist höher als das, was wir tatsächlich konsumieren [66]. Wir haben bereits gesehen, dass 1 Liter Urin, kombiniert mit 1 Liter Kompost, genügend Ressourcen liefert, um 1 kg „nützliche" Ernte zu erzeugen. Die täglich verfügbare Menge an flüssigem Gold von 1,5 l pro Person ist damit mindestens doppelt so hoch wie der Bedarf an Düngemittel für die Produktion von 800 g Obst und Gemüse. Der überschüssige Urin könnte zum Anbau von Bauholz, Brennholz oder Zierpflanzen verwendet werden.

Ergebnisse bei nicht-vegetarischer Ernährung, nur für den Gemüseanbau

Die Erträge eines Gartens liegen bei 2 oder mehr Kulturen im Mittel bei 6 kg/m², können aber sehr unterschiedlich ausfallen, je nach Dichte, Bewässerung, Arten und Sorten, Bodenqualität und Menge der für die Pflanzen verfügbaren Nährstoffe, und natürlich je nach gärtnerischer Erfahrung. In manchen Gegenden ist es möglich, das ganze Jahr hindurch zu kultivieren, wenn im Winter ein Tunnelgewächshaus o.ä. zur Verfügung steht.

- 50 m² bringen 300 kg Obst und Gemüse pro Jahr für 1 Person bei Zufuhr von 300 l Urin;
- 100 m² ermöglichen die autonome Versorgung von 2 Personen mit Gemüse;
- 1.000 m² ermöglichen eine autonome Versorgung von 20 Personen mit Gemüse;
- 1 ha ermöglicht die lokale Versor-

gung von 200 Personen mit Gemüse;
- 5 ha ermöglichen eine lokale Versorgung von 1.000 Menschen mit Gemüse.

Praktische Empfehlungen für weniger erfahrene Gärtner (bezogen auf 100 m² Garten)

Weniger erfahrene Gärtner gehen von folgenden Richtwerten aus: Bei einer Urinausbringung von 1 bis 2 l/m² (zusammen mit mindestens 1 bis 2 l Kompost pro Quadratmeter) kann eine Person auf 100 m² Gemüsegarten nach 3 bis 4 Monaten etwa 100 bis 200 kg Gemüse ernten. In 6 bis 8 Monaten entstehen so insgesamt zwischen 200 und 400 kg Früchte und Gemüse! Wie bereits erwähnt, reicht die Düngung mit Stickstoff, Phosphor und Schwefel aus dem Urin allein meist nicht aus; Größe, Geschmack und Krankheitsresistenz des Obstes und der Gemüse erfordern u.U. eine Ergänzung der Düngung.

Eine Nettoernte von 1 bis 2 kg/m² gilt keinesfalls als Intensivkultur; sie ermöglicht die Verwertung der Kulturpflanzenreste als „Gründünger", so dass die aus der Tiefe des Bodens aufgenommenen Nährstoffe in den Boden zurückgeführt werden. Diese Rückführung kommt den folgenden Kulturen zugute, insbesondere wenn die Pflanzenabfälle noch jung sind. Je älter und holziger die Pflanzen werden, desto schwieriger wird es, die Mineralien abzubauen und in den Boden zurückzuführen. Weiche Abfälle werden dagegen von Regenwürmern und anderen Bodenorganismen schnell recycelt.

Für die organische Düngung im Hausgarten gibt es natürlich „heimischen" Kompost und den von Nachbarn, sowie Rückstände aus früheren Ernten, Küchenabfälle, Gartenabfälle, Reststoffe aus Trockentoiletten (was ein weiteres zu behandelndes Thema wäre, das hier nicht vertieft wird, vgl. Literatur).

Ist kein Platz für die Kompostierung oder die Herstellung von Wurmkompost vorhanden, ist die wirtschaftlichste Lösung, Kompost von örtlichen Grünschnittdeponien zu beziehen, sofern der Grünschnitt dort kompostiert wird. Viele dieser Deponien bieten Komposterde gegen eine geringe Gebühr an. Seien Sie jedoch vorsichtig, oft ist es notwendig, den Kompost weiter reifen zu lassen! Solange sich der Kompost noch erhitzt, ist er für Pflanzen gefährlich (außer für den Boden, aber das ist ein anderes Thema, das allein eine kleine Abhandlung verdienen würde).

Für eine gedeihliche Gartenkultur braucht man Wasser! Der wichtigste Rohstoff für die Obst- und Gemüseproduktion ist Wasser. Es ist auch der wichtigste Stoff zur Ernährung der Bodenorganismen. Ideal ist die Bewässerung direkt am Fuße der Pflanzen, mit einer Gießkanne, mittels Tröpfchenbewässerung oder durch Füllen der Untersetzer: es entstehen kein Abfall und weniger Krankheiten, da das Besprühen der Blätter die Entwicklung von Pilzkrankheiten (insbesondere Mehltau) fördert.

[66] Zu diesem Thema siehe: AFSSA, Direktion für Bewertung von Ernährungs- und Gesundheitsrisiken, Nationale Einzelstudie zum Lebensmittelkonsum 2006-2007.

Jean-Paul Langs „Urin und Holzhäcksel"-Testgarten in Seyssins (Isère).

Empfehlung pro 100 m²:
Methode 1:
- 200 l reifer Kompost, möglichst mit einigen Litern Wurmkompost vermischt, beim Anlegen der Kulturen einarbeiten und mit 2 l/m² unverdünntem Urin düngen (was voraussetzt, dass im Winter 100 x 2 l für 100 m² gesammelt wurde), dann 15 Tage warten und pflanzen.

oder Methode 2 :
- Jeden Tag wird der Urin einer Person (ca. 2 Liter/Tag) auf 4 m² ausgebracht: Täglich viermal wird 1 Bierglas (25 cl) voll Urin in einer 10-Liter-Gießkanne mit Wasser verdünnt und auf 1 m² ausgebracht. Nach 25 Tagen sind die 100 m² gedüngt: 25 × 4 m². Dann beginnen wir wieder auf den ersten 4 m² und hören damit 1 Monat vor der Ernte auf. Wird der Zyklus während der Vegetation dreimal durchlaufen, sind insgesamt 1,5 l flüssiges Gold pro Quadratmeter ausgebracht; dies ist die Mindestdosis, um auf Urindüngung umzustellen!

Praktische Empfehlungen für erfahrene Gärtner
(für 50 bis 100 m² Gartenland)

Folgt man den Empfehlungen von Jan-Olof Drangert [67], ist es möglich, das gesamte flüssige Gold einer Person (er rechnet mit 1,5 l/Tag entsprechend 500 l pro Jahr) auf 50 - 100 m² zu „recyceln"; das entspricht zwischen 5 und 10 Liter Urin pro Quadratmeter und Jahr. Diese Dosierung erfordert einige Erfahrung, um die Kulturen richtig, d.h. ohne Verschmutzung oder Verbrennung, zu einer guten Ernte zu führen.

Auf 100 m² kann ein erfahrener Gärtner dann 500 kg Obst und Gemüse ernten: mit einer durchschnittlichen Urindosis von 5 l/m² (die genaue Dosierung ist in Tabelle 7 angegeben) und entsprechenden Mengen Kompost oder Wurmkompost, wobei auf regelmäßige Bewässerung Wert zu legen ist.

Sie können Ihren Anbau auf 50 m² konzentrieren und die Zufuhr auf 10 l flüssiges Gold [68] pro Quadratmeter steigern, indem Sie die Urin- und Kompostaufnahme berechnen, unter Berücksichtigung Ihrer Ernteziele, der produzierten Arten und Sorten, der Bodenqualität, der bisherigen Praktiken usw. In diesem Fall ist es notwendig, den Anbau von Gründüngungspflanzen auf den Herbst und Winter zu verschieben. Alle 3 bis 4 Monate werden neue Kulturen angebaut, die Rückstände werden vergraben, kompostiert und anschließend wieder eingebracht. Dieses Vorgehen ermöglicht bis zu 3 Ernten pro Jahr, sofern Sie ein Tunnelgewächshaus, Frostschutzsegel oder ein beheiztes Gewächshaus haben. Achtung! Bei dieser Variante mit 50 m² Anbaufläche handelt es sich um eine Intensivkultur, die Fehler bei der Bewässerung und Düngemittelzufuhr nicht verzeiht. Aufgrund der Wuchsdichte sind Erfahrung und gärtnerisches Geschick erforderlich, um die Aufnahme der Düngemittel nachzuhalten und ggf. präventive Maßnahmen zu ergreifen, um Schadinsekten, Krankheiten und Unkraut abzuwehren!

Auf Dorfebene

Wie wir oben gesehen haben, kann ein Gemüsegärtner auf 5 Hektar Land (ggf. unter Folie) auf Dorfebene das gesamte Obst und Gemüse für 1.000 Einwohner produzieren (ggf. etwas mehr Fläche, wenn wir den Platz für Wege zwischen den Kulturen und Brachflächen zwischen den Fruchtwechseln einrechnen), indem er den Kompost und den Abfall, der sonst in die Kanalisation gelangen würde, als Dünger wiederverwendet! Als einzige Voraussetzung muss ein Sammelsys-

---

[67] Jan-Olof Drangert, Professor am Forschungsinstitut für Wasseraufbereitung und Umwelt an der Universität Linköping in Schweden, in: Steinfeld Carol: Liquid Gold. a.a.O.

[68] Hinweis: Bei dieser Rate wird eine höhere Menge an Stickstoff pro Quadratmeter ausgebracht als in der ökologischen Landwirtschaft erlaubt ist.

Bürogebäude der Eawag (Schweizerisches Wasserforschungsinstitut bei Zürich). Der gesamte Urin von 300 Personen wird in Tanks gesammelt (links) und dann in einem Bioreaktor zum Düngerprodukt „Aurin" aufbereitet (rechts).

tem für den Urin und eine sehr einfache, energiearme, kleine Anlage für die aerobe Vergärung und Hygienisierung des gesammelten Urins eingerichtet werden. Und natürlich bedarf es einer Genehmigung, denn heute ist Urin in der Erwerbslandwirtschaft nicht zulässig.

Hinweis: Auch wenn es noch ein weiter Weg zu sein scheint, bis Urin und Kompost in der professionellen Gemüseproduktion angewendet werden dürfen, kann er heute – wie wir gesehen haben – schon zur Düngung in Parks und zur Produktion von Holz oder Heizmaterial verwendet werden.

Fazit: Nährstoffrecycling und Nahrungsproduktion auf gleicher Fläche ist möglich

Mit dieser Arbeit haben wir gezeigt, dass häusliche Abwässer mit flüssigem Gold (Urin), schwarzem Gold (Kompost) und blauem Gold (Wasser) ein echtes Potential bieten. Heute werden diese für Gärten, lokale Landwirtschaft und Grünflächen nützlichen Ressourcen über Abwasserkanäle noch zu teuren Reinigungsanlagen abgeleitet.

Die Verwendung von Urin spart Phosphor, dessen Rohstoffvorkommen an Land begrenzt sind, sowie Wasser und Stickstoff, deren Preise steigen. Allerdings reicht Urin allein für die Düngung nicht aus; kompostierte feste Abfälle müssen gleichzeitig eingebracht werden, damit effizientes Recycling gelingt. Auf 1 l im Garten verwendetem Urin sollte mindestens 1 l (d.h. 500 g) Kompost hinzugefügt werden. Die Gesamtdosis ist in Tabelle 7 (Seite 39/40) für verschiedene Kulturtypen angegeben. Mit dieser „1 + 1"-Dosis können 1 kg Nutzpflanzen und 1 kg Pflanzenreste (wiederverwertbar) produziert werden.

Was das blaue Gold betrifft, spart das Urinrecycling Trinkwasser, da wir es nicht bzw. weniger mit unseren Ausscheidungen belasten. Darüber hinaus ist es möglich, in unseren gemäßigten Klimazonen etwa 1 m^3 Regenwasser pro Quadratmeter Dachfläche

Anbau von Kartoffeln mit 3 l Urin pro Quadratmeter. Verwendeter Boden: Grünabfallkompost.

Unschädlichkeitstest mit Aurin (von der Firma Vuna produzierter Dünger auf Urin-Basis) durch Keimung von Weizen. Die Samen, die mit dem Aurin in Kontakt kamen, sprossen zu 100%.

Unten links: Kohl, gezogen auf Kompost aus Grünabfällen, ergänzt durch eine Stickstoffversorgung in Form von Harnstoff.

Unten rechts: Ein Tunnelgewächshaus hilft, die Erntezeit zu verlängern und Krankheiten zu vermeiden, die durch zuviel Feuchtigkeit auf den Blättern verursacht werden.

als Gießwasser zu sammeln. Angesichts der zunehmenden Knappheit von Wildflächen trägt eine „Recyclingkultur", wie wir sie beschrieben haben, zur Freisetzung von Anbauflächen und Grünflächen bei, wo sich Pflanzengemeinschaften und Wildtiere mit weniger Existenzdruck entwickeln können.

Außerdem haben wir gezeigt, dass bei vegetarischer Ernährung in unseren Breitengraden eine Fläche von weniger als 500 m² ausreicht, um den fermentierbaren Abfall einer Person ohne Verschmutzung in Form von Dünger und organischen Zusatzstoffen wieder auszubringen. Diese Fläche reicht also aus, um eine Nahrungsautonomie bei vegetarischer Ernährung zu erreichen. Hochgerechnet kann bei einem so geschlossenen Kreislauf mit Recycling 1 km² Ackerland 2.000 Menschen ernähren.
Die gleiche Logik greift auch bei nicht-vegetarischer Ernährung: Gülle und Mist werden auf den Böden ausgebracht, auf denen Viehfutter produziert wird, und menschlicher Urin wird auf den Parzellen recycelt, auf denen Obst, Gemüse, Kohlehydrate (Getreide, Kartoffeln) und Öl-

Dank des Hasenurins wächst auch im Winter sehr grünes Gras.

Anhaltende Wirkung von Hasenurin; Aufnahme am gleichen Ort im folgenden Frühjahr.

saaten wachsen. Dieses System aus „Mensch und Tier" erfordert mehr spezifische Anbaufläche, ist aber im Hinblick auf den Kreislauf „Konsum-Recycling-Produktion" ein gangbarer Weg.

Die Idee, unsere Bioabfälle im Garten zu nutzen, ist eine Einstiegslösung, die auf der individuellen Ebene sofort umgesetzt werden kann. Seit der Veröffentlichung der ersten Auflage dieses Buches habe ich erfahren, dass diese Praxis zunehmend von vielen Menschen angewendet wird; inzwischen hat auch die Forschung begonnen, die beschriebenen Vorteile zu bestätigen, so dass Hoffnung besteht, dass auch die regulatorischen Hindernisse abgebaut werden.

6 Auf dem Weg zur Ernährungs-Autonomie

7 Tabellen

Zusammensetzung recycelbarer Haushaltsabfälle				
	Überschuss an	Anteil am Bruttogewicht		
Häusliche Abfälle	C oder N	% N	% P$_2$O$_5$	% K$_2$O
Urin	N	0,6		
Haare	N	14		
Blutmehl	N	15	1,3	0,7
Knochenmehl (trocken)	Calcium	2	21	0,2
Milch	N	0,5	0,3	0,18
Eierschalen	Calcium	1,19	0,38	0,14
Eier	N	2,25	0,4	0,15
Federn	N	15		
Wolle	N	5	3	2
Getrocknete Fischabfälle	N	8		0,6
Austernschalen	Calcium	0,36		
Frischer Tiermist	C und N	0,29	0,25	0,1
Geflügelkot	N	1,6	1,3	0,8
Kaffeesatz	N	2	0,36	0,67
Teeblätter	N	4,15	0,62	0,4
Kakaoschalen	C	1	1,5	1,7
Holzasche	Calcium		1,5	8
Frischer Grasschnitt	N	1		1,2
Klee	N	2		
Ambrosienblätter	N	0,76	0,26	
Rosenblüten	N	0,3	0,6	0,4
Ananas, getrocknete Schale	C	0,6	3,6	30,6
Banane, getrocknete Schale	C		3	45
Orange, getrocknete Schale	C		3	27
Orange, Fruchtfleisch	Zucker	0,2	0,13	0,21
Apfel (Frucht)	Zucker	0,05	0,02	0,1
Apfel (Blatt)	N	1	0,15	0,4
Apfel (Kern)	Zucker	0,2	0,02	0,15
Apfel (getrocknete Schale)	C		3	11
Kartoffel (getrocknete Schale)	C		5,18	27,5
Kartoffel (Knolle)	Zucker	0,35	0,15	2,5
Kartoffeln (getrocknetes Reisig)	CC	0,6	0,16	1,6
Tomate (Frucht)	Zucker	0,2	0,07	0,35
Tomate (Blatt)	N	0,35	0,1	0,4
Tomate (Stängel)	N	0,35	0,1	0,5

Tabelle 14: Durchschnittliche Zusammensetzung recycelbarer Haushaltsabfälle.

Quelle: „The Rodale Book of Composting". Vgl. Bibliographie

Abbau von Arzneimittelrückständen

Untersuchtes Arzneimittel	Art des Medikamentes	Halbwertszeit für die Nitrifikation des Urins (Gesamtmineralisierung)	Abbau durch 200 mg/l Aktivkohlepulver
Atazanavir (Reyataz)	Antiretroviral	40 min.	> 99%
Atenolol	Beta-Blocker	14 h	98%
Clarithromycin	Antibiotikum	80 min.	> 99%
Darunavir	Virostatikum	7 h	> 99%
Diclofenac	Schmerzmittel	> 48 h	> 99%
Emtricitabin (Cytidin)	Virostatikum	> 48 h	90%
Hydrochlorothiazid	Diuretikum	> 48 h	97%
Ritonavir	Antiretroviral	45 min.	> 99%
Sulfamethoxazol (Cotrimoxazol)	Antibiotikum	> 48 h	96%
Trimethoprim	Antibiotikum	>48 h	> 99%

Tabelle 15: Untersuchung zum Abbau von Arzneimittelrückständen, durchgeführt an der Eawag (Schweiz).
Quelle: Seite 19 in Vuna Final Report 2015. Vgl. Bibliographie und www.vuna.ch

Mineraliengehalt von Obst und Gemüse

	Wasser [g]	Stickstoff [mg]	Phosphor [mg]	Kalium [mg]	Magnesium [mg]	Calcium [mg]	Natrium [mg]	Chlor [mg]	Eisen [mg]	Mangan [mg]	Zink [mg]	Kupfer [mg]	Natrium/Kalium-Verhältnis [%]
Blattgemüse	90	372	50	377	30	98	36	53	1,9	0,6	0,5	0,1	10 %
Gemüse: Blüte	89	470	66	334	25	40	25	37	0,8	0,3	0,4	0,1	7 %
Gemüse: Frucht m. wenig Zucker	90	174	33	271	16	19	8	12	0,5	0,1	0,2	0,1	3 %
Süße Frucht	82	153	26	220	16	21	5	9	0,5	0,2	0,1	0,1	2 %
Getreide	16	2528	362	697	178	202	17	27	7,7	3,2	3,1	0,8	2 %
Wurzelgemüse	82	296	54	412	20	35	25	37	0,6	0,2	0,4	0,1	6 %
Gemüse-Stängel	92	259	46	310	13	44	20	30	0,7	0,2	0,4	0,1	6 %
Salicornia: Queller (frisch)	92	107	20	119	75	34	1 020	1 540	4,9	0,7	0,5	0,1	857 %
Spirulina (getrocknet)	5	9200	118	1 360	195	120	1 050	1 570	28,5	1,9	2,0	6,1	77 %

Tabelle 16: Durchschnittlicher Mineraliengehalt von normalem Obst und Gemüse (pro 100 g Frischgewicht)
Quelle: Tabelle Ciqual 2016 (....), ANSES.
Hinweis: Schwefelwerte sind in der Tabelle Ciqual nicht verfügbar. Daten zusammengestellt von Renaud de Looze, Sommer 2017

8 Anhang

8.1 Einige Begriffserklärungen

Bokashi
Fermentierte Abfälle unter Einsatz von anaeroben Bakterien, die auch bei der Herstellung von Sauerkraut und Silage für Futtermittel zum Einsatz kommen.

Düngemittel
Ein Stoff natürlichen, landwirtschaftlichen oder industriellen Ursprungs, der dazu bestimmt ist, Pflanzen mit für ihre Entwicklung wesentlichen Nährstoffen zu versorgen.

Hofdünger
abgebauter Tiermist.

Humus
ist das Endprodukt aus dem Abbau von organischem Material pflanzlichen Ursprungs, eine krümelige, belüftete, dunkle Substanz, die Wasser gut absorbiert und zurückhält, und die eine gute Pflanzenverfügbarkeit der Mineralien hat.

Gülle
Flüssigkeit aus tierischem Urin und Kot.

Kompost
Endprodukt aus verrotteten Pflanzenabfällen, die durch Mikroorganismen in Anwesenheit von Sauerstoff abgebaut wurden.

Mineralisierung
bezeichnet die Umwandlung organischer Substanzen in Mineralien (die bei natürlichen Düngemitteln dadurch für Pflanzen verfügbar werden).

Organisch
ist der Sammelbegriff für Materialien pflanzlichen und tierischen Ursprungs. Organische Moleküle sind komplexe Moleküle, die auf dem Element Kohlenstoff aufbauen.

Organischer Dünger
hergestellt durch den Abbau von lebenden Organismen, hauptsächlich pflanzlichen Ursprungs; verbessert die biologischen, physikalischen und chemischen Eigenschaften von Böden. Die bekanntesten organischen Dünger sind Kompost, Wurmkompost und Mist.

Thermophil
Ein Organismus gilt als thermophil, wenn er eine hohe Lebenstemperatur deutlich über 40°C benötigt.

Unkräuter
Unerwünschte Pflanzen, wie z.B. Ackerwinde, Fingerkrautarten, Quecken, etc. Einige sind essbar wie z.B. Gänsefuß, Löwenzahn und Portulak.

Wurmkompost
Kompost aus Abfällen, die von Regenwürmern verdaut wurden.

8.2 Bibliographie

Abwasserbehandlung und –recycling

Art L.: *Create an Oasis with Greywater*. Santa Barbara, Oasis Design, 2015, p.160.

Drangert J.-O.: *Urine Blindness and the Use of Nutrients from Human Excreta in Urban Agriculture*. Berlin, Springer International Publishing, 1998, p.7.

Etter B., Tilley E., Khadka R., Udert K.M.: *Low-Cost Struvite Production Using Source-Separated Urine in Nepal*. Dübendorf, Water Research, 2011, p. 10.

Etter B., Udert K.M., Gounden T.: *Vuna Final Report*. Dübendorf, Eawag, 2015, p.39.

Johansson M.: *Urine Separation – Closing the Nutrient Cycle*. Stockholm, VERNA Ecology, 2002, p. 40.

Kirchmann H., Pettersson S.: *Human Urine - Chemical Composition and Fertilizer Use Efficiency*. Berlin, Springer International Publishing, 2005, p. 5.

Udert K.M., Wächter M.: *Complete Nutrient Recovery from Source-Separated Urine by Nitrification and Distillation*. Dübendorf, Water Research, 2011, p.10.

Landwirtschaftliche Anwendungen

Association Toilettes du monde: *Valorisation agricole des sous-produits issus des toilettes sèches*. Nyons, 2011, p. 10.

Comoé B. K, Gnagne T., Koné D., Aké S., Dembélé S.G., Kluste A.: *Amélioration de la productivité de l'igname par l'utilisation d'urine humaine comme fertilisant*. Ouagadougou, Sud sciences et technologies, 2005, p.35.

Dagerskog L.: *Le Projet « Triple Vert » – Introduction à l'assainissement productif*. Stockholm, EcoSanRes, 2012, p.49.

Ganrot Z.: *Urine Processing for Efficient Nutrient Recovery and Reuse in Agriculture* (thèse). Göteborg, 2005, p.59.

Gatineau C.: *Aux sources de l'agriculture, la permaculture : illusion et réalité*. Limoges, Sables fins, 2014, p.118.

Jönsson H., Richert Stintzing A., Inc Björn Vinnerås, Salomon E.: *Guidelines on the Use of Urine and Faeces in Crop Production*. Stockholm, EcoSanRes, 2004, p.39.

Lemaître H., Gállego J.T.: *El Huerto ecológico en macetas*. Barcelone, RBA Libros, 2012, p.238.

Moussa B.: *Fiche technique d'application des urines hygiénisées (Takin Ruwa) dans les conditions agricoles du Niger*. 2005, p.14.

Richert A., Gensch R., Jönsson H., Stenström T.A., Dagerskog L.: *Practical Guidance on the Use of Urine in Crop Production*. Stockholm, EcoSanRes, 2011, p.54.

Steinfeld C.: *Liquid Gold. The Lore and Logic of Using Urine to Grow Plants*. Totnes, GreenBooks, 2007, p.95.

Hygiene und Sicherheit

Höglund C.: *Evaluation of Microbial Health Risks Associated with the Reuse of Source-Separated Human Urine* (thèse). Stockholm, 2001, p.87.

OMS: *WHO Guidelines for the Safe Use of Wastewater, Excreta and Greywater – Volume IV: Excreta and Wastewater Use in Agriculture*. Neue Ausgabe 2018: *WHO Guidelines on Sanitation and Health*. Genève, 2006, p.182.

Schönning C., Stenström T.A.: *Guidelines for the Safe Use of Urine and Faeces in Ecological Sanitation Systems*. Stockholm, EcoSanRes, 2004, p.41.

Bodenverbesserung und Düngung
einige Referenzen unter vielen anderen

Bouché M.: *Des vers de terre et des hommes*. Arles, Actes Sud, 2014, p.321.

Handreck K.: *Composting*. Collingwood, CSIRO Publishing, 1996, p.19.

Handreck K.: *Earthworms*. Collingwood, CSIRO Publishing, 1994, p.31.

Handreck K.: *Food for Plants*. Collingwood, CSIRO Publishing, 1994, p.33.

Hérody Y.: *La Première Goutte de la première pluie.* Jura, BRDA Éditions, 2015, p.66.

Lowenfels J., Lewis W.: *Collaborer avec les bactéries et autres micro-organismes. Guide du réseau alimentaire du sol à destination des jardiniers.* Arles, éditions du Rouergue, 2008, p.150.

Leclerc B.: *Guide des matières organiques* (tome II). Paris, ITAB, 2001, p. 91.

Martin D., Gershuny G.: *The Rodale Book of Composting.* 1992, p.278.

Von Heynitz, K.: *Kompost im Garten,* Stuttgart, Verlag E. Ulmer, 1990

Menschliche und tierische Ernährung

Balch Ph. A.: *Nutrional Healing. The A to Z Guide to Supplements.* New York, Penguin, 2002, p.283.

Chaïb J.: *Votre basse-cour familale et écologique.* Mens, Terre vivante, 2000, p.317.

Frénot M., Vierling E.: *Biochimie des aliments. Diététique du sujet bien portant.* Vélizy, Doin, 2002, p.295.

Jean-Blain C.: *Introduction à la nutrition des animaux domestiques.* Paris, Tec & Doc, 2002, p.424.

Titina R.: *Guide de nutrition. L'Équilibre alimentaire par le végétarisme.* Escalquens, Dangles, 2011, p.349.

Nubel: *Table belge de composition des aliments.* Bruxelles, Nubel, 2010, p.95.

8.3 Adressen

Im Folgenden sind die Adressen beratender Fachleute und Organisationen genannt, die für die Studien zu diesem Buch von Bedeutung waren.

Behandlung von flüssigen Abwässern und organischen Abfällen

Programme de recherche OCAPI Laboratoire eau, environnement et systèmes urbains,
École nationale des ponts et chaussées,
6-8 avenue Blaise-Pascal, Cité Descartes,
F-77455 Champs-sur-Marne MLV CEDEX 2;
www.leesa.fr/ocapi

Aquatiris, Lieu-dit Percotte, F-35190 Québriac
www.aquatiris.ch

Institut de l'environnement de Stockholm (programme ECOSAN), Lilla Nygatan 1,
Postfach 2142, SE-103 14 Stockholm, Schweden

Institut Eawag, Überlandstrasse 133,
CH-8600 Dübendorf Schweiz; www.eawag.ch

Vuna GmbH, Überlandstr. 129,
CH-8600 Dübendorf; www.vuna.ch

Rich Earth Institute, 44 Fuller Drive,
Brattleboro, VT 05301, USA, États-Unis
www.richearthinstitute.org

Site écologique de La Buisse, RD 1075,
F-38500 La Buisse

ADM Export Éco-digesteur,
24 rue Lamartine, F-38320 Eybens

Moletta Méthanisation SAS,
1504 route des Bottières, F-73470 Novalaise

Großflächige Wurmkompostierung

Mairie de Combaillaux,
3 rue des Remparts, F-34980 Combaillaux

Fromagerie du Val-d'Aillon,
Chef-lieu, F-73340 Aillon-le-Jeune
https://www.fromagerieaillon.com/

Wurmstall, Zwygartenstrasse 57
CH-3703 Aeschi, www.wurmstall.ch

Worm-Up; Flurstrasse 56
CH-8048 Zürich; www.wormup.ch

Weitere Internetadressen zur Wurmkompostierung

https://www.omlet.de/guide/wurmkompostierung/faqs/faqs/

http://www.regenwuermer.info/regenwuermer-zuechten/wurmkomposter-wurmkompostierung.php

https://www.mein-schoener-garten.de/gartenpraxis/nutzgaerten/wurmkiste-wurmkompost-herstellen-tipps-und-tricks-25006

https://wurmkiste.at/wurmgefluester/wunderduenger-wurmkompost-und-wurmtee/

Trockentoiletten

Pibella by: Stebler.net GmbH,
Geisshaldenweg 24, CH-5242 Lupfig, Schweiz
https://pibella.com

Kompotoi, Flurstrasse 85
CH-8047 Zürich; www.kompotoi.ch

Greenport, Bruchstrasse 142,
CH-8041 Zürich: www.greenport.ch

Nowato; Melemstrasse 5
D-60322 Frankfurt am Main; www.nowato.com

Berger Biotechnik, Hedenholz 6
D-24113 Kiel; www.berger-biotechnik.de

Goldeimer; Neuer Kamp 32
D-20357 Hamburg; www.goldeimer.de

Ö-Klo; Belfortstrasse 52
D-79098 Freiburg; www.oe-klo.de

Uritrottoir & Uritonnoir, 19 rue Sanlecque,
F-44000 Nantes; www.faltazi.com

Vision verte SARL, adaptateurs d'urinoirs sans eau, 1 rue Charles-de-Gaulle, F-68800 Vieux-Thann

Vespalith Greenpee, PlanetWatch24,
4 rue de Galvani, F-75017 Paris

Guldkannan AB, Falkstigen 3,
S-17276 Sundbyberg, Schweden

Frauenurinale „Stehend Pinkeln" in Montpellier und anderen („Go-Girl",„Urinelle", „Isyloo", etc.) sind kommerziell und online erhältlich. Suchen Sie im Netz unter „weibliches Urinal" oder „Urinette" Produktvergleiche und Lieferquellen

Toilettes du Monde,
15 avenue Paul-Laurens, F-26110 Nyons

Sanisphère, La Condamine,
F-26110 Saint-Ferréol-Trente-Pas

Ecodoméo, La Pépinière,
47 boulevard Barel, F-13014 Marseille

Ecosec, 83 rue Calypso,
F-34090 Montpellier

Biocapi, Chemin de Frouye 4, Les Vursys,
CH-1462 Yvonand / Schweiz

Weitere Internetadressen zu Kompost-Toiletten
https://campofant.com/trockentoilette/

https://trobolo.com/de/?gclid=CjwKCAiAzanuBRAZEiwA5yf4umEuuAi49YCVs13sgJ_vPXOAr9g-bqH6YeWeqaTW11kcnbSod1ftI1hoCa4MQAvD_BwE

https://www.mangro-shop.de/trockentoiletten/?gclid=CjwKCAiAzanuBRAZEiwA5yf4ulB6s7iSpHP8ZP0XphFsFmSLKYXvzxag3YBxQ1_Vd3xo6Vkd9h6HaxoCP3kQAvD_BwE

https://www.trockentoilette.net/

https://humustoiletten.de/shop01/?gclid=CjwKCAiAzanuBRAZEiwA5yf4uqLpzM9XAVd1Ve5ikqUuRRtTgpmtXey6l8embXZTK7kogHRX7eTiGxoCbQcQAvD_BwE

Agronomie, Ernährung, Gesundheit

Centre Terre Vivante,
Domaine de Raud, F-38710 Mens

SERAIL (Station d'expérimentation Rhône-Alpes et d'information légumes),
123 chemin du Finday, F-69126 Brindas

Auréa Agrosciences (früher Laboratoires LCA),
1 rue Samuel-Champlain, F-17000 La Rochelle

Laboratoire SADEF,
30 rue de la Station, F-68700 Aspach-le-Bas

Palmeraie des Alpes, Renaud de Looze,
RD 1090, F-38330 Saint-Nazaire-les-Eymes
www.palmeraiedesalpes.com

CTIFL (Centre technique interprofessionnel des fruits et légumes), 22 rue Bergère, F-75009 Paris

OMS (Organisation mondiale de la santé) = WHO Weltgesundheitsorganisation
Avenue Appia 20, CH-1211 Genève / Schweiz

AFSSA, Direction de l'évaluation des risques nutritionnels et sanitaires, 27-31 avenue du Général-Leclerc, F-94700 Maisons-Alfort

IUT chimie de l'université Joseph-Fourier,
39-41 boulevard Gambetta, F-38000 Grenoble

8.4 Zu den am Projekt beteiligten Partnern

Gemeindeweite Abfallkompostierung

Die Kompostierungsanlage in La Buisse (Gebiet Voiron bei Grenoble) ist nach den Vorgaben der Organisation AB (Agriculture biologique) als „Qualité compost Rhône-Alpes" zertifiziert. Die Auswirkungen der Anlage auf Anwohner und Umwelt sind gering. Bei regelmäßiger Analyse ist der Endkompost reif, in Übereinstimmung mit der Norm für organische Düngung [69]. Mit Jean-Jacques Guers, Leiter der Bio-Abteilung, und Pascal Myly, Techniker, haben wir die Düngewertsteigerung von zwei Kompostarten getestet: Grünabfälle und Lebensmittelabfälle. Die Schlussfolgerung dieser agronomischen Tests war, dass es notwendig war, die Stickstoffversorgung dieser beiden Komposte zu ergänzen. Im Jahr 2015 haben wir eine Reihe von Tests durchgeführt, um die Assimilierbarkeit des im Restsaft der Komposter enthaltenen Stickstoffs zu beurteilen. Es war notwendig, einen Weg zu finden, das Problem des Geruchs dieser Säfte zu lösen, dann die Ausbringungsmengen für das Produkt festzulegen und es schließlich an Topfpflanzen zu testen. Die Desodorierung dieses Bio-Saftes und die Dosierung für landwirtschaftliche Anwendungen waren entscheidend für die Umsetzung von Lösungen mit Urin.

Vermikompost oder Kompostwurm-Dünger

Fabrice Bardet und Mickaël Clary haben in der Region Ain eine Kompostwurmzucht für Pferde- und Rinderzüchter eingerichtet. Ziel war es, deren Mist in Wurmkompost, auch bekannt als „Wurm-Mist", umzuwandeln und aufzuwerten. Ihr Produkt hat sich sowohl als Ergänzung (Humus für den Boden) als auch als Düngemittel (schnelle Pflanzenernährung durch Stickstoff und andere Nährstoffe) sehr gut bewährt. Nach umfangreichen Tests über einen Zeitraum von 3 Jahren stellte sich jedoch heraus, dass ein Teil des in den Analysen angegebenen Stickstoffs biologisch kaum abbaubar und damit für Pflanzen nicht verfügbar war. Ich löste dieses Problem, indem ich es mit Federmehl mischte (reich an Stickstoff, der innerhalb von 3 Monaten assimilierbar ist) und einen organischen Düngerzusatz schuf, den ich Verplume („Wurm" + „Feder") nannte. Dieses Produkt wird in der Palmeraie des Alpes verkauft. Nach Schwierigkeiten [70] bei der ökologischen Produktion ihrer Chrysanthemen führte die Stadt Grenoble im Jahr 2015 abschließende Vergleichstests mit Verplume für diese Kultur durch.

Die Firma Sanisphère [71] mit Sitz in Nyons lieferte uns Wurmkompost aus Trockentoiletten, die in

[69] Französische Norm für organische Düngungen: NFU 44-051.

[70] Immer aus den gleichen Gründen: nachgewiesene Nichtverfügbarkeit von Stickstoff in einem organischen Dünger.

[71] Folgende Hersteller von Trockentoiletten fanden zu dieser Studie zusammen: Sanisphère und Ecodoméo aus Marsaille und Ecosec aus Montpellier.

Wurmkompostierung: links handwerklich; rechts in Stapelbehältern in Neuseeland.

Berghütten installiert waren. Ziel war es, Tests an Zierpflanzen in Töpfen durchzuführen. Die Ergebnisse waren positiv, sowohl in verschiedenen Dosierungen gemischt mit Kompost als auch rein ohne Kompostzusatz. Bei diesen Produkten haben wir kein Problem mit der Verfügbarkeit von Stickstoff festgestellt, wahrscheinlich aufgrund der Mischung aus Fäkalien, Wurmkompost und Urin. Diese Beobachtung wurde auch von Emmanuel Morin, Manager von Ecodoméo (NMarsaille), einem Hersteller von Trockentoiletten, gemacht.

Im Rahmen einer vom Generalrat finanzierten Studie haben wir die gleichen Tests mit Wurmkompost aus der Kantine des Kollegiums Domène (Isère) durchgeführt: Mit einem kleinen Stickstoffzusatz waren die Ergebnisse sehr zufriedenstellend. Damit gezogene Topfpflanzen wurden Schülern und Eltern während der öffentlichen Ökologietage von Francis Meneu, dem Leiter der Schule, vorgestellt.

Kompostierung von Kantinenabfällen

Albert Danan[72] vertreibt Öko-Komposter, welche die Kompostierung von Lebensmittelabfällen an der Quelle beschleunigen können: in Schulkantinen, Betriebs- oder Gemeinschaftsrestaurants sowie für Hausmüll. Das Verfahren ist einfach und energieeffizient. Es ist eine Trommel, die sich dreht und den Abfall bewegt. Diese Abfälle werden von einem Stamm thermophiler Bakterien schnell aufgeschlossen, deren biologische Aktivität und Populationszuwachs zu einem schnellen Temperaturanstieg auf 70°C führt, der maschinengesteuert erfolgt. In wenigen Tagen wird der Abfall um 80% reduziert und in einen „jungen" Kompost mit einer bemerkenswerten Düngekapazität umgewandelt. Wir testeten es und fanden einen vorübergehenden Stickstoffmangel, aber 2 Monate nach seiner Aufnahme waren die Ergebnisse sehr zufriedenstellend.

[72] ADM Export, Vertriebspartner des Öko-Komposters.

Netzbegrünung auf einer steinigen Wiese.

Langzeitdüngung von Topfpflanzen.

Urinbehandlung: handwerklich und halbindustriell

Bastian Etter war etliche Jahre Forschungsingenieur an der Eawag, dem Schweizer Wasserforschungsinstitut. Er hat verschiedene Projekte außerhalb Europas durchgeführt: Entwicklung eines kleinen Phosphor-Rückgewinnungsprozesses in Nepal, Entwicklung und Installation von Urinaufbereitungssystemen für landwirtschaftliche Zwecke in Südafrika. Bastian Etter beteiligte sich auch an der Untersuchung und dem Bau einer gemeinsamen Urinsammel- und Aufbereitungsanlage im Eawag-Gebäude in Dübendorf bei Zürich. Bei meinem Besuch im Januar 2014 stellte er mir mineralisierte und konzentrierte Urinproben zur Verfügung. Von Februar bis April 2014 testete ich mehrere Pflanzen in Hydrokultur, d.h. ohne Boden, nur mit Wasser und mineralisiertem Urin aus der Eawag: Weizenkeimung im vollständigen biologischen Kreislauf.

3 Bilder rechts und unten: Die in Uroponik angebauten Pflanzen haben sich gut entwickelt und weisen keine Mangelernährung auf.

Bilder rechte Seite: Poster zur Vorstellung des Aurin-Düngers aus menschlichem Urin, der 2016 auf den Markt gebracht wurde.

Heutige Abwasserreinigung: keine Kreisläufe

Landwirtschaft:
- Phosphor-Dünger enthalten Schwermetalle z.B. Cadmium und radioaktives Uran.
- Mineral-Dünger werden zu 100% importiert. 1 kg Stickstoff-Dünger benötigt die Energie von 1 kg Erdöl.

Abwasserreinigung:
- Kläranlagen entfernen mit viel Energie Stickstoff & Phosphor aus dem Abwasser.
- Medikamente & Hormone gelangen mit dem Urin in die Kläranlage und kaum behandelt ins Gewässer.

Benötigte Nährstoffe — Kreislauf mit Nährstoff-Recycling — Verlorene Nährstoffe

Vuna schliesst den Kreislauf und produziert aus Urin den Dünger Aurin. Getrennt gesammelter Urin ist die ergiebigste Nährstoffquelle.

Woher kommen die Nährstoffe im Abwasser? 1.5 Liter Urin pro Person/Tag

Stickstoff	80% im Urin	Kot	
Phosphor	50% im Urin	Kot	Rest

auf 150 Liter Abwasser pro Person/Tag

7 gute Gründe für Aurin

Nahrhaft
Aurin enthält alle Nährstoffe, die Ihre Pflanzen zum Wachsen benötigen.

Ohne Medikamente
Das Herstellungsverfahren sorgt dafür, dass alle Schadstoffe eliminiert werden.

Global – lokal
Urin als Rohstoff gibt es überall – weite Transporte sind nicht nötig.

Die natürliche Duftnote
Aurin riecht nicht nach Urin.

Ohne Schwermetalle
Im Gegensatz zu üblichen Phosphordüngern enthält Aurin keine Schwermetalle.

Effizient
Weniger Energie- und Chemikalienverbrauch auf der Kläranlage.

Bewilligt
Aurin ist vom Bundesamt für Landwirtschaft als Dünger für alle Pflanzen zugelassen.

Recycling funktioniert mit:
- Papier
- Metall
- Glas
- PET

Werden Sie Teil des Kreislaufs der Zukunft!

Jetzt auch mit **Urin**
www.vuna.ch

Natürlich einheimisch für alle Ihre Pflanzen.

Der Dünger der Zukunft.
www.vuna.ch

Mit dem Vuna-Verfahren zum effizienten und sicheren Nährstoff-Kreislauf.

Sammeln — Wasserlose Urinale oder Trenntoiletten sammeln Urin: z.B. Laufen! oder Ecodomeo bzw. Sanisphère.

Stabilisieren — Das Vuna-Verfahren wandelt Ammonium biologisch zu Nitrat um (Nitrifikation).

Reinigen — Der Aktivkohle-Filter entfernt Medikamente und Hormone.

Eindampfen — Der Verdampfer eliminiert Krankheitskeime und reduziert das Volumen.

Düngen — Das Verfahren liefert Wasser und Aurin - Vunas Flüssigdünger für alle Ihre Pflanzen.

Frischer Urin → Aurin Flüssigdünger / Destilliertes Wasser

Was passiert mit den Inhaltsstoffen aus dem Urin?
- ✗ Schwermetalle – nicht vorhanden im Urin.
- schlechter Geruch & flüchtiges Ammoniak
- Medikamente & Hormone
- Krankheitskeime
- Haupt-Nährstoffe (Stickstoff, Phosphor, Kalium usw.) ✓ aufbereitet, konzentriert und konserviert als Essenz fürs
- Spuren-Nährstoffe (Bor, Eisen, Zink usw.) ✓ Wachstum Ihrer Pflanzen.

Urin-Recycling ist auch bei Ihnen möglich:

Fest installierte Anlagen in grossen Gebäuden:
Produzieren Sie in Ihrem Wohn- oder Geschäftsbau Dünger – schliessen Sie den Kreislauf lokal!

Unterwegs mit dem «Pipi-Mobil» an Veranstaltungen:
Die flexible Düngerfabrik mit mobilen Toiletten für Ihre umweltbewusste Veranstaltung.

Urin-Recycling in Zahlen – ein Rechenbeispiel:
- 1000 Liter Urin ergeben:
- 2-3 Tage Verarbeitung
- 150 kWh Stromverbrauch
- ca. 70 Liter Aurin Dünger
- ca. 930 Liter destilliertes Wasser
- 2000 m² gedüngten Boden

Vuna – Ihre Expertin für Wasser & Abwasser

Beratung und Planung zu denzentraler Abwasseraufbereitung
Neben dem Vuna-Verfahren bietet Vuna Ihnen eine aktuelle Übersicht zu zukunftsweisenden Systemen für Ihr Wasser und Abwasser. Wir beraten, planen und bauen situationsgerechte Abwasserreinigung von der Trockentoilette über Pflanzenkläranlagen bis zu Wasserfiltern.

«Ernte» – Die Geschichte zu Vuna
Vuna bedeutet «Ernte» auf isiZulu, der Sprache der Zulu in Südafrika. Entstanden ist VUNA 2010 als Projekt, als die Stadt Durban eine Verwendung für grosse Mengen an Urin suchte. 2016 entstand aus dem Projekt VUNA die Firma Vuna GmbH als Spin-Off der Eawag.

Vuna GmbH – Glatec – Überlandstrasse 129 – 8600 Dübendorf – Schweiz
+41 44 586 44 49 – www.vuna.ch – info@vuna.ch

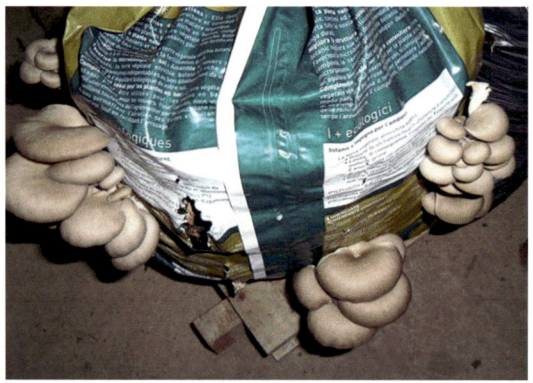 

Pilzzucht mit Austern-Saitlingen

Chemie-Wissen zum besseren Verständnis der Ernährung lebender Organismen, biologischer Abbau und Recyclingprozesse

Da ich kein ausgebildeter Chemiker bin, habe ich Valérie Bellot-Gurlet (Chemikerin) von der Joseph-Fourier-Fachhochschule in Grenoble und Yves Chenavier, Chemiker an der Polygone scientifique de Grenoble, gebeten, mir bei der Konzeption und Durchführung eines Untersuchungsprogramms zu helfen, das die grundlegenden Verbindungen zwischen der Chemie und der Ernährung von Pflanzen, Menschen und Tieren näher beleuchtet (vier Studenten, Justine Perrin, Ludivine Amara, Pierre-Émile Philip und Kimberley Chauveau haben die Untersuchungen durchgeführt). Wir haben begonnen mit dem bekannten Wissen über Pflanzenernährung und daraus eine Synthese der „Fütterungspflanzen zur Ernährung der Menschen und ihr Recycling" abgeleitet. Diese Synthese wurde in Form eines Modells dargestellt, welches die für die Nahrungsautonomie eines Vegetariers notwendigen Anbauflächen zeigt. Wir haben auch verschiedene Tests durchgeführt: Pflanzenanbau mit mehreren Düngemitteln aus dem Recycling, Bodenanalysen, organische Stickstoffmineralisierungstests, Untersuchung von Stickstoffverlusten oder Blockierungserscheinungen. Langfristig ist eine Ausstellung zum Thema „Ernährungsautonomie" geplant.

Biogas-Erzeugung

Die Rückgewinnung von Energie, Mineralien und organischen Stoffen ist das Ziel der Methanisierung von fermentierbaren Abfällen. René Moletta [73], ehemaliger Direktor von INRA und Biogasberater, half mir, die Möglichkeiten des Einsatzes dieser Technik in kleinen landwirtschaftlichen Betrieben und Einzelhäusern zu untersuchen. Vorläufig sieht es so aus, dass die Umsetzung dieser

Art von Kleinanlagen Kosten- und Normenfragen aufwirft. Aufgrund seines Wissens über natürliche Prozesse zum Abbau von organischen Abfällen hat mich René über die Vielfalt der am Stickstofflebenszyklus beteiligten mikrobiellen Fauna aufgeklärt. Wir haben auch eine Pilzkultur mit der festen Fraktion des Gärrests der Biogasanlage untersucht.

Verhalten von organischem Stickstoff im Gemüseanbau

SERAIL[74] mit Sitz in Brindas an der Rhône ist ein Experimentiergelände für Produzenten. Sein Präsident, Luc Veyron, Landwirt in Saint-Étienne-de-Saint-Geoirs (Isère), bat mich, eine Synthese mehrerer Tests durchzuführen, die in zwei Jahren zur Assimilation von organischem Stickstoff auf dem Feld durchgeführt wurden. Das Problem der Nichtverfügbarkeit von Stickstoff hat sich als komplex erwiesen und die Fragen bleiben: Verlust durch Verflüchtigung in der Atmosphäre, Auswaschung, Denitrifikation, Reorganisation oder Blockade im Boden....

Dieses Thema bleibt in der Welt der Agrarforschung relevant.

[73] Moletta Methanisierung SAS.
[74] Versuchs- und Gemüseinformationsstelle Rhône-Alpes (SERAIL).

8.5 Nachwort

Als reichlich vorhandene und freie Ressource, die zu Unrecht verachtet wird, regt die Nutzung von Urin in vielen Ländern zur wissenschaftlichen Forschung an und eröffnet mehr oder weniger langfristig vielversprechende Perspektiven in verschiedenen Bereichen: medizinisches Diagnosewerkzeug, Medizin, Energieressourcen usw. Aber die einfachste und am besten dokumentierte Verwendung ist die als Düngemittel für Nutzpflanzen: Urin ist besonders reich an Stickstoff (6 g/l), dem Hauptfaktor, der das Pflanzenwachstum begrenzt, enthält obendrein Phosphor (assimilierbare Phosphorquellen werden weltweit knapp), Kalium und Schwefel sowie viele Spurenelemente. Alle diese Elemente liegen in einer Form vor, die von den Pflanzen leicht aufgenommen werden kann.

Warum wird Urin also so wenig verwendet? Vor allem aus kulturellen Gründen. In unseren entwickelten Gesellschaften ist das Misstrauen gegenüber Mikroben und Bakterien so groß, dass die alte Gartenpraxis des Pinkels in die Gießkanne aufgegeben wurde. Urin ist jedoch steril und wird nur dann mit pathogenen Bakterien verunreinigt, wenn er mit Stuhl in Berührung kommt. Er muss also nur separat gesammelt werden. Es ist nicht zu spät, diese Praxis wieder aufzugreifen, die in einigen Ländern noch immer angewandt wird. Und es gilt, die richtigen Dosierungen und die besten Empfehlungen für die Anwendung zu formulieren, um übermäßige Nitrate und das Risiko einer übermäßigen Versalzung durch zu hohe Uringaben zu vermeiden. Dies war der Sinn eines Experiments, das wir 2017 im Centre Terre Vivante durchgeführt haben (Artikel in der Ausgabe Januar-Februar 2018 der Zeitschrift „Vier Jahreszeiten im Biogarten", einer Zeitschrift von Terre Vivante). Bei der Konzeption unserer Untersuchungen, die mit verschiedenen Verdünnungen und unterschiedlichen Anwendungsfrequenzen durchgeführt wurden, haben wir uns auf die erste Ausgabe dieses Buches und auf die vielen Tests von Renaud de Looze verlassen. Deshalb haben wir fünf Versuchsflächen mit je fünf Salat- und zwei Mangoldpflanzen erstellt, um verschiedene Verdünnungen und unterschiedliche Versorgungsfrequenzen zu testen, natürlich mit einer Kontrolle ohne Urinzufuhr. Bei der Ernte hatten wir die Nitratwerte von Salaten und Mangold sowie die Natrium- und Chloridwerte, die von einem spezialisierten Labor analysiert und überwacht, um eine fortschreitende Versalzung des Bodens zu vermeiden. Die Ergebnisse bestätigen die Relevanz der Ratschläge und Empfehlungen des Autors dieses Buches, dem wir weiterhin viel Erfolg beim Gärtnern wünschen.

Es ist höchste Zeit, die Nutzung dieses kostbaren „flüssigen Goldes" wiederzubeleben.

Antoine Bosse-Platière,
Journalist der Zeitschrift „Les quatre Saisons du jardinage bio" [Die 4 Jahreszeiten im Biogarten] und verantwortlich für Experimente im Centre Terre Vivante bei Mens.

Der Zeichner Avoine

Avoine, geboren 1939 in Nevers, entdeckte den Cartoon in der Zeitung Paris Match der 1950er Jahre. Als Autodidakt begann er, im Stile derer zu zeichnen, die seine Vorbilder bleiben sollten: Bosc, Chaval, Mose und André François. Ihr Stil und ihre Weltsicht haben ihn geprägt. Seit 1972 zeichnete er und schrieb auch regelmäßig für Zeitungen (Tageszeitungen und Zeitschriften) und arbeitete darüber hinaus für die Werbung. Aber die Berufswelt des Illustrators war für diesen Freigeist etwas zu einseitig …

1976 beschloss er dann, zu seinen Wurzeln zurückzukehren – dem Zeichnen von Cartoons.

„À suivre" war eines der ersten Magazine, das seine Cartoons und Karikaturen veröffentlichte. Seitdem hat er die Leser von Elle, Le Monde, Marie-Claire, der New York Times, Le Figaro, Les Échos, Le New Yorker sowie von weiteren satirischen Publikationen wie Siné Hebdo und Bakchich begeistert. Außerdem werden seine Arbeiten regelmäßig in Galerien und Museen gezeigt.

Avoine fand ab 1971 seinen eigenen Stil und der poetische Realismus wurde zu seinem Markenzeichen, das von einer gewissen Absurdität geprägt ist. Seine markanten Zeichnungen zeigen Charaktere, die mit irrationalen, tragischen oder unvernünftigen Situationen konfrontiert sind. Er weiß auch, perfekt mit der „Dummheit" der Welt umzugehen und die Mehrdeutigkeit von Beziehungen (Männer untereinander oder ihre mehr oder weniger unverhältnismäßigen Träume) in Momentaufnahmen des Lebens darzustellen. Hier wirkt seine Schärfe, mehr ironisch als heftig, manchmal Wunder. Darin kommt seine künstlerische Hand zum Ausdruck, die uns zuwinkt...

Dank

- an meine Frau Marie-Angèle für ihre phantasievolle, wissenschaftliche und pragmatische Unterstützung. An unsere Kinder und Enkelkinder: Elisa, Emma, Fanny, Kamil, Lila, Lucas, Rebecca, Tantely, Yoann.
- an meine Mutter, der ich ein langes und gesundes Leben wünsche.
- an Brigitte Devaux, die erfreulicherweise einen ersten Manuskriptentwurf machte, und an das Genie ihres Mannes Paul Avoine, der am 28. Dezember 2017 plötzlich starb.
- an die regelmäßigen Gutachter: Luc Veyron, Éric Poincelet, Jacques Ginet, Aude Bardoux, Josée Brouyère, Éric Cattin, Yves Chenavier, Julien Chouanard, Roger Coronini, Marion Duval, Rémi Engelbrecht, Fanny Farget, Lila Farget, Éric Ferrari, Jean-Paul Lang, Didier Levy, René Moletta, Agnès Rolin, Fanny Sanson, Benjamin Schmitt, Laurence Wagrez.

- an Bastian Etter für das Vorwort und an Antoine Bosse-Platière für das Nachwort.
- an Bernard Bertrand und Philippe Lahille vom Verlag für die verständnisvolle Betreuung in der Redaktion und an das gesamte Verlagsteam für die Umsetzung in Buchform.

Renaud de Looze

8.6 Bildnachweis

Alle Photos stammen von Renaud de Looze, außer:
- Seite 5, 8, 24, 42, 72 unten: Jean-Paul Lang
- S. 13 : Luc Bahurel / Grésivaudan
- S. 14, 16, 17, 18, 26, 29 rechts, 30, 73, 74: Tantely de Looze
- S. 87 : Patrick Pedro
- S. 21 unten, 89 : Eawag
- S. 22 links : Magali
- S. 22 rechts : Vision verte
- S. 36 rechts unten : Elisabeth Real / Eawag, 2014
- S. 41 : Virginie Boiron / écocentre de la forêt d'Orléans
- S. 59 : Faltazi
- S. 62 unten : Aquatiris
- S. 62 oben und 64 : Jean-Pierre Ébrard
- S. 66 : Guy Pellen
- S. 70 : Pixabay (Hans)
- S. 71 : Éric Poincelet
- S. 72 oben : Pixabay (Waldo93)
- S. 91 : Antoine Bosse-Platière
- S. 92 : Olivier Beytout

Die Zeichnungen stammen von Paul Avoine.

Weitere Bücher im ökobuch Verlag

Kompost-Toiletten für Garten und Freizeit
Toiletten für Garten und Freizeit ganz ohne Wasser oder Chemie! Kompost- und Trockentoiletten sind eine sehr gute Lösung, wenn im Garten, in der Ferienhütte oder beim Camping kostengünstig eine komfortable und hygienische Toilette installiert werden soll. In diesem Buch wird ausführlich beschrieben, welche biologischen Toilettensysteme es für den Freizeitbereich gibt, was bei der Installation und im alltäglichen Gebrauch wichtig ist und welche baurechtlichen Anforderungen bestehen. Von Wolfgang Berger, 102 Seiten, mit vielen Abbildungen, 17,95 €

Mein kleiner Permakultur-Garten
300 kg Ernte auf 150 m² Fläche mitten in der Stadt. Der Autor Josef Chauffrey beschreibt die Kultivierung eines Reihenhausgartens nach Permakultur-Prinzipien und zeigt, wie sich beachtliche Ernteerfolge an Obst u. Gemüse erzielen lassen. 110 Seiten, mit vielen farbigen Abbildungen, 14,95 €

Anders gärtnern
Permakultur-Elemente im Hausgarten. Ob Kräuterspirale, Krater- bzw. Hochbeet, Kartoffelturm, Wurmfarm oder Erdgewächshaus mit Hühnerstall, bei allem dient die Natur als Vorbild. Mit vielen Anleitungen für einen Hausgarten, in dem die Bereiche harmonisch zusammenwirken und sich gegenseitig fördern. Von Margit Rusch. 96 Seiten, mit vielen farbigen Abbildungen, 13,95 €

Auf 300 qm Gemüseland
… den Bedarf eines Haushalts ziehen. Wie man auf kleinstem Raum einen Nutzgarten anlegt und erfolgreich bewirtschaftet, können wir von unseren Vorfahren lernen. Mit schnellen, praktischen, alphabetisch geordneten Infos über die wesentlichen Pflanzen, über Anbau- und Arbeitsmethoden. Von Arthur Janson. Neugestalteter Nachdruck der Erstausgabe von 1926. 170 Seiten, 13,95 €

Saatgut aus dem Hausgarten
Nach einer Einführung in die Saatgutgewinnung und in die Praxis der Vermehrung werden die nötigen Hilfsmittel, Ernte, Reinigung und Lagerung der Samen sowie Aussaat und Aufzucht beschrieben. Mit kurzen Pflanzenporträts aller im Hausgarten üblichen Kräuter, Gemüse und Blumen. Von Marlies Ortner. 138 Seiten, mit vielen farbigen Abbildungen, 19,90 €

Trocknen und Dörren mit der Sonne
Bau & Betrieb von Solartrocknern. Ein Buch für alle, die einen funktionstüchtigen Solartrockner kostengünstig selbst bauen möchten, um Obst, Gemüse und Kräuter natürlich und hochwertig haltbar zu machen. Außerdem: Praxis des Trocknens mit vielen Tipps aus langjähriger Erfahrung. Herausgegeben von Claudia Lorenz-Ladener. 96 Seiten, mit vielen farbigen Abbildungen, 13,95 €

Terrassen und Decks aus Holz selbst gebaut
Planungsüberlegungen, sinnvolle Konstruktionen, Materialempfehlungen. Viele Beispiele und Schritt-für-Schritt-Bilder vermitteln das Wissen zum Bau schöner Holzdecks. Von Peter Himmelhuber. 102 Seiten, mit vielen farbigen Abbildungen, 14,95 €

Mein Garten lebt
Vögel, Schmetterlinge, Igel, Wildbienen und andere nützliche Tiere ansiedeln. Mit Bauanleitungen und Gestaltungsideen, um durch Nisthilfen, Schlafquartiere u.ä, Gärten tierfreundlich zu gestalten. Von Peter Himmelhuber. 96 Seiten, mit vielen farbigen Abbildungen, 13,95 €

Natürlich konservieren
Die 250 besten Rezepte, um Gemüse und Obst möglichst naturbelassen haltbar zu machen und ein maximum an Vitaminen, Nährstoffen und Geschmack zu erhalten. Herausgegeben von Terre Vivante. 160 Seiten, mit vielen Abbildungen, 13,90 €

Trockenmauern für den Garten
Bauanleitung & Gestaltungsideen. Ob Sitzplätze oder Hochbeete einzufassen, eine Hangfläche zu terrassieren oder das Grundstück einzugrenzen: Mit einfachen Werkzeugen kann jeder kostengünstig eine schöne und dauerhafte Trockenmauer selbst bauen. Von Jana Spitzer und Reiner Dittrich. 96 Seiten, mit vielen farbigen Abbildungen, 13,95 €

Hütten von Kindern selbst gebaut
Das Buch zeigt schön illustriert, wie Kinder ohne großen Aufwand ihr eigenes kleines Reich erschaffen können, mit Baumaterialien, die fast alle draußen zu finden sind: Spielhäuschen, Kuppelbau, Schlupfwinkel, Beobachtungsversteck. Ab 8 Jahre. Von Louis Espinassous. 58 Seiten, mit vielen Abbildungen, 13,95 €

Kleine Baumhäuser und Hütten
… kinderleicht gebaut. Hier wird gezeigt, wie Baum- und Stelzenhäuser gebaut werden können. Mit Anleitungen für verschiedene Konstruktionen und Bildern von realisierten Beispielen. Von David Stiles. 96 Seiten, mit vielen farbigen Abbildungen, 14,95 €

Holzbacköfen im Garten
Detaillierte Bauanleitungen vom einfachen Lehmofen bis zum gemauerten Brotbackhäuschen. Mit vielen Erfahrungen und Ratschlägen sowie pfiffigen Tipps und Rezepten. Herausgegeben von Claudia Lorenz-Ladener. 138 Seiten, mit vielen Abbildungen, 15,95 €

Gestalten mit Stein im Garten
Pflastern von Wegen, Terrassen und Zufahrten, Anlegen von Treppen und das Errichten von Mauern und Hangbefestigungen, mit Hinweisen zur Materialwahl, zu Aufwand und Kosten, und mit Anregungen für eigenes Schaffen. Von Peter Himmelhuber. 126 Seiten, mit vielen farbigen Abbildungen, 15,95 €

Naturkeller
Grundlagen der Kühllagerung und Anleitungen für Planung und Bau naturgekühlter Lagerräume im Haus und Freiland. Von Claudia Lorenz-Ladener. 140 Seiten, mit vielen Abbildungen, 19,90 €

Gestalten mit Holz im Garten
Bodenbeläge, Holzdecks, Zäune, Rankgerüste, Lauben. Bauanleitungen und Gestaltungsideen für Nützliches und Dekoratives aus Schnittholz und aus grünem Holz. Von Heidi Howcroft. 136 Seiten, mit vielen Abbildungen, 18,95 €

Einfache Lauben und Hütten selbst gebaut
Einfache Paradiese zum Selbstbauen. Bauanleitungen für schnell zu errichtende Behausungen (Tipi, Baumhaus, Kuppelbau, Hogan etc.), sowie für schöne Lauben für den Garten oder die freie Natur. Von Claudia Lorenz-Ladener. 160 Seiten, mit vielen farbigen Abbildungen, 16,95 €

Kleine grüne Archen
Passivsolare Gewächshäuser als Alternative zum transparenten Standard-Gewächshaus. Das Buch zeigt, wie Solargewächshäuser freistehend, angelehnt oder teilweise in der Erde versenkt auch selbst gebaut werden können. Von Claudia Lorenz-Ladener. 128 Seiten, mit vielen farbigen Abbildungen, 22,90 €

Mit Weiden bauen
Anleitungen für Zäune, Laubengänge, Wigwams, Sitzplätze und grüne Kuppeln. Arbeiten mit lebendem Material, aus dem sich viele schöne, nützliche Dinge herstellen lassen. Von Jon Warnes. 60 Seiten, mit vielen farbigen Abbildungen, 12,95 €

Färben mit Pflanzen
Färbepflanzen - Rezepte - Anwendung. Aufbereitung und Anwendung heimischer Färbepflanzen zum Färben von Wolle und Stoffen werden in zahlreichen Rezepten detailliert beschrieben. Von Dorit Berger. 96 Seiten, mit vielen farbigen Abbildungen, 14,95 €

Bauen mit Frischholz
Vom Spalier bis zur Laube – frisches grünes Holz ist ein ausgezeichnetes Material, um daraus nützliche Gartenobjekte herzustellen. Mit Schritt-für-Schritt-Anleitungen für Pflanzbehälter, Spaliere, Bänke, Lauben usw. Von Alan und Gill Bridgewater. 80 Seiten, mit vielen Abbildungen, 12,95 €

Essbare Wildpflanzen aus dem Hausgarten
150 Arten: Obst, Kräuter, Gemüse. Wie eine dauerhafte Pflanzenlandschaft aus fruchttragenden Bäumen und Sträuchern, wilden Stauden sowie Kräutern und essbaren Bodendeckern geschaffen werden kann. Mit mehr als 70 Pflanzenporträts essbarer Wildfrüchte, Wildkräuter und Wildgemüse und Tipps zu deren Verwertung. Von Marlies Ortner. 126 Seiten, mit vielen Abbildungen, 15,95 €

Bunte Körbe aus Gräsern und Kräutern
Die Technik des Korbwickelns neu entdeckt. Anleitungen zur Herstellung von bunten Körben durch Wickeln und Vernähen von Strängen aus heimischen Faserpflanzen. Mit vielen Schritt-für-Schritt-Anleitungen. Von Walter Friedl. 96 Seiten, mit vielen farbigen Abbildungen, 17,95 €

Hauserneuerung
Instandsetzen - Modernisieren - Energiesparen - Umbauen: mit Anleitung zur Selbsthilfe. Das Buch beschreibt ausführlich den behutsamen, handwerklich sachgerechten und umweltverträglichen Umgang mit alter Bausubstanz. Von G. Haefele, W. Oed und L. Sabel. 256 Seiten, mit vielen Abbildungen, 28,90 €

Vom Altbau zum Effizienzhaus
Energietechnische Gebäudesanierung in der Praxis: Nachträgliche Wärmedämmung der Gebäudehülle, Fenstererneuerung, sowie Sanierung der Haustechnik einschließlich Lüftung, Heizung, Sanitär und Elektro. Hrsg. von Ingo Gabriel und Heinz Ladener. 200 Seiten, mit vielen farbigen Abbildungen, 36,- €

Praxis: Holzfassaden
Material, Planung, Ausführung. Das Buch zeigt nicht nur die gestalterischen Möglichkeiten moderner Holzfassaden, sondern stellt zahlreiche vorbildliche Beispiele und Detaillösungen mit Ecken, Sockel, Dach- und Fensteranschlüssen vor. Von Ingo Gabriel. 112 Seiten, mit vielen farbigen Abbildungen, 28,- €

Handbuch Lehmbau
Umfassendes Lehrbuch und Nachschlagewerk: Es zeigt Einsatzmöglichkeiten, Eigenschaften und Verarbeitungstechniken des Baustoffes Lehm. Mit Forschungsergebnissen und Beschreibungen ausgeführter Lehmhäuser. Von Gernot Minke. 222 Seiten, mit vielen Abbildungen, 38,- €

Neues Bauen mit Stroh in Europa
Bauen mit großformatigen Quadern aus gepresstem Stroh: gebaute Beispiele, erprobte Bauformen und Konstruktionen, Besonderheiten, neue Projekte und Forschungen. Von H. u. A. Gruber u. H. Santler. 112 Seiten, mit vielen Abbildungen, 14,95 €

Handbuch Strohballenbau
Ein Konstruktions-Handbuch, das Konzeption, Bautechnik und alle Details beschreibt, um aus Strohballen gut gedämmte, dauerhafte Häuser zu bauen. Mit vielen Konstruktionsdetails und Beispielen. Von Gernot Minke und Benjamin Krick. 152 Seiten, mit vielen farbigen Abbildungen, 29,90 €

Das neue Heizen
Umweltfreundlich und wirtschaftlich heizen mit Gas, Holz, Strom und Sonnenenergie. Eine vergleichende Übersicht über moderne Heizungstechniken und deren Einsatz in gut gedämmten Gebäuden. Von M. Schulz u. H. Westkämper. 230 Seiten, mit vielen farbigen Abbildungen, 29,90 €

Regenwasser für Garten und Haus
Ein kompetenter Ratgeber für Planung und Bau von Regenwassersammelanlagen nach dem Stand der Technik: Bemessung, Genehmigung, Speichertanks, Pumpen, Rohrleitungen, Zubehör. Von Karlheinz Böse. 96 Seiten, mit vielen Abbildungen, 16,95 €

Autonome Stromversorgung
Auslegung, Aufbau und Praxis autonomer Stromversorgungsanlagen mit Batteriespeicher für Beleuchtung und für netzferne Handwerks- u. Landwirtschaftsbetriebe. Von Philipp Brückmann und Georg Bopp. 126 Seiten, mit vielen Abbildungen, 18,95 €

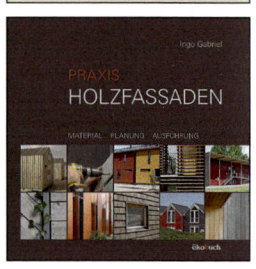

Unsere Bücher erhalten Sie in allen Buchhandlungen.
www.oekobuch.de · E-Mail: verlag@oekobuch.de